왕초보 견주를 위한
슬기로운 댕댕생활

김미인 씨

선비북스

반려동물 20년 전문가가 알려주는
반려견 입양부터 케어까지의 필수 애견상식

왕초보 견주를 위한 슬기로운 댕댕생활 (개정판)

김미인씨 지음

Prologue

20년 전, 내 새끼 잘 키우고 싶어 동물병원에 취업했다.

강아지를 입양했다. 내게 선택권은 없었지만, 독립한 나에게 생긴 첫 식구였다. 강아지를 입양하고 싶다는 나의 말에, 엄마는 동물병원 원장님이 키우는 강아지의 새끼로 추정되는 납작한 시츄 한 마리를 입양하여 나의 품에 안겨 주었다. 녀석은 생각보다 털이 길었고, TV에서 보던 것만큼 몸집이 작지도 않았다. 목욕을 시키니 물에 젖은 쥐새끼마냥 볼품없는 모습이었다. 그런데 강아지의 까만 눈동자는 늘 나를 보고 있었고, 어느새 나는 그 강아지와 24시간을 함께하고 있었다.

강아지 예방접종은 2차부터 실시하였는데, 나는 그 당시 일반적이지 않았던 항체검사[1] 까지 하며 수의사 선생님의 말씀을 잘 따랐다. 매번 가방 안에 아이를 넣고(다행히도 납작한 친구는 차분한 품성을 가진 개였다.) 버스를 30여 분 타고 동물병원까지 가는 길이 귀찮은 날도 있었으며 힘들기도 했지만, 당연히 해야 하는 일이라고 생각했다. 그러나 비용이 만만치 않았다. 35만 원의 입양비, 그리고 회당 3

---

1) 항체검사란, 특정 항체의 존재 여부를 확인하거나(정성검사) 또는 존재하는 항체의 양을 측정하기 위해(정량검사) 환자의 검체를 (일반적으로 혈액) 분석하는 것.

만 원가량의 예방접종비와 4만5천 원의 항체검사 비용은 20대인 나에게 이미 어마어마하게 큰돈이었다. (이상한 것이, 오르는 물가 대비 예방접종 비용은 참 안 오르는 것 같다.)

강아지는 먹기도 우걱우걱 잘 먹었으며 매일 전선을 물어뜯어 놓기 일쑤였다. 가끔은 풀을 씹어 먹고 혈변2)을 보기도 했다. 납작한 친구가 오기 전에 키웠던 토끼가 한 달 만에 하늘나라로 갔던 것이 생각났다. 나는 더 큰돈을 쓸 수 있는 여력이 없었으므로 서둘러 취업해야 했다. 때마침 집 앞의 큰 동물병원의 직원 채용공고가 벼룩시장 신문 지면에 올라왔다. 나는 곧바로 동물병원에 전화하여 면접날을 잡았다. 면접에서는 나의 동물 사랑과 책임감을 어필했고, 면접 담당자도 나를 좋게 보는 눈치였다. 그리고 며칠 뒤 합격 전화를 받았다. 나는 그렇게 취업에 성공했다.

조금만 알면 사고를 막을 수 있다.

강아지를 처음 키우면 어떤 것을 줘야 하는지, 어떤 것을 주면 안 되는지 초보 집사들은 잘 모른다. 미리 공부하고 노력하려는 의지가 있는 사람들은 '퍼피클래스'나 단체, 기업에서 진행하는 '초보 보호자를 위한 세미나' 등을 듣기도 한다. 하지만 그런 강좌가 있는지 모르는 사람도 많을뿐더러, 알더라도 크게 관심을 두지 않는 것이 실상이다.

2) 혈액이 섞인 변

오늘날 강아지 육아 서적은 시중에 꽤 많이 나와 있다. 그럼에도 책을 사서 보는 것보다 인터넷으로 검색하는 것이 더 편한 분들을 위해 전자책을 만들게 되었다. 조금만 알아 두면 불의의 사고는 막을 수 있기에, 반려견과 함께한다면 반드시 필요한 정보들과 더불어 나의 경험담을 이 책에 담았다.

Chapter 1
| 강아지 입양하기

Chapter 2
| 강아지 케어하기

Chapter 1
강아지 입양하기

Part 01 강아지, 키워도 될까요?

입양 전 사전 조사는 반드시 해야 한다.

2002년 샤페이[3]가 TV에 나오면서, 동물병원에 샤페이가 한 주에 한 마리꼴로 방문하기 시작했다. 샤페이들이 병원을 찾는 이유 중 대다수는 피부병이었다. 피부질환으로 병원을 찾는 샤페이들은 온몸의 쭈글쭈글한 주름들 사이에 끈적끈적한 기름이 끼어 있었고, 피부가 빨갛게 부어오르거나 긁어서 피가 났다. 전신을 소독해야 하니 시간도 오래 걸리는데, 이 샤페이라는 품종은 보호자에 대한 충성심만 강할 뿐 타인에게는 공격적이고 사납게 굴었다. 결국 한 해가 가기 전에 유기견으로 올라오는 품종에 샤페이가 나타났다.

한때 강아지와 함께 즐기는 스포츠를 하는 것이 유행이었다. 보더콜리[4] 라는 품종도 프리스비(원반 던지기)를 함께 할 수 있다는 장점 때문에 인기를 끌었던 적이 있었다. 그때도 역시나 보더콜리들이 많이 보이기 시작했다.

---

3) 개의 품종 중 하나로 중국 남부에서 유래되었다. 전통적으로 개싸움을 위해 길러졌던 샤페이는 20세기에 멸종 위기에 이르렀다. 깊은 주름으로 서양에 알려져 있으며, 홍콩에서는 전통적인 덜 주름진 형태가 유지되고 있다.

4) 개의 품종 중 하나이며, 원산지는 영국으로 브리튼 섬의 품종인 콜리의 일종이다. 잉글랜드와 스코틀랜드의 국경 지방에서 양치기 개로 이용되었다.

샤페이 (자료 : Pixabay)

나무위키에서는 보더콜리를 이렇게 소개한다. "워낙 똑똑하기에, 충분한 교감과 적절한 훈련을 하지 않는 경우 뛰어난 지능과 체력을 나쁜 방향으로 쓸 수 있다. 유효적절하게 꾀병, 삐짐뿐만 아니라 위협에다 공격까지 서슴지 않고 간식을 쟁취하기도 한다. 간혹 눈을 마주치며 방바닥에 똥을 싸는 행위까지…. 게다가 원래가 양치기 개인지라 활발한 성격에 덩치가 크고 체력이 좋아서 엄청난 운동량을 요구한다. '일에 미친 개'라는 별명이 느껴질 정도로 무한 체력을 발휘하며 하루 2시간 이상 산책은 기본, 미국에서 이 개의 신체 능력을 이르기를 '괴물'이란다. 주인이 충분한 시간을 들여서 놀아주지 않을 경우 소위 '지랄견'으로 클래스 체인지할 여지가 있다고 한다. 이 때문에 파양률5)도 높은 편. 때문에 똑똑한 지능에도 불구하고 초보자들은 기르기 매우 어려운 상급 난이도의 품종."

보더콜리는 영국 출신의 일 중독자인 천재견이다. 수많은 견종 중에서도 머리가 좋은 편에 속하며, 강인한 체력을 가지고 있다. 이들은 운동과 산책을 꾸준히 해야 한다. 하지만 이에 대한 사전 공부 없이, 멋진 외형만 보고 강아지를 입양한 많은 보호자가 문제행동을 경험하고 고충을 호소하기도 하였다.

강아지의 시간은 사람과 다르게 흐른다.

호주 브리즈번 대학 뇌과학센터의 〈강아지의 시간 인지에 대한 연구〉에 따르면 수명이 짧은 동물은 심박수가 빠르고 호르몬 분비가 왕성한데, 이는 체감시간을 빠르게 느끼게 한다고 한다. 강아지의 평균 수명은 15세 정도로 강아지의 시간은 사람보다 6배나 빠르게 흘러간다. 보호자가 4시간 외출을 한다면 강아지의 체감시간은 24시간이 될 것이다.

당신과 함께하게 될 강아지가 몇 시간 만에 당신을 보고 좋아서 펄쩍펄쩍 뛴다면 꼭 안아 주기를 바란다. 그 시간이 강아지에게는 며칠과 같이 길게 느껴질 테니 말이다.

---

5) 입양을 무효로 하는 확률.
6) 김민주 기자, "당신이 '4시간' 외출하면 반려견은 '24시간' 홀로 있는 기분이다", 인사이트, 2018.06.01. https://www.insight.co.kr/news/158509

Episode 1

남자친구와는 헤어졌지만, 선물로 받은 애지는 나에게 남았다

고등학교 때부터 만나 교제했던 남자친구는 나를 지켜주고 함께 의지하라는 의미에서 강아지 한 마리를 사주었다. (강아지를 선택하는 일은 나의 친정엄마가 했다. 그 친구가 납작한 친구다.) 시간이 흐르고 오랜 연애 끝에 우리는 헤어졌지만, 나의 강아지 애지는 나와 함께했다. 애지를 나에게 남겨준 그는 나의 첫 남자친구였고, 그 덕분에 13년을 함께한 애지는 나의 첫 강아지였다.

내가 애지와 함께 지낼 때의 일 중에 가장 후회하는 일을 꼽으라면, 애지를 혼자 두고 장시간 나갔다 온 날이 비일비재했다는 것이다. 출근할 때 따라나서지 않으면 혼자 두었고, 20대인 나는 퇴근 후에도 약속이 많았다. 애지는 강아지의 시간으로 3~4일은 되었을 그 오랜 시간 동안(사람의 시간으로 14~16시간이니) 얼마나 나를 기다렸을까···.

Episode 2

3세에 피부병으로
동물병원에 버려진 아이

둥이는 혼자 사는 50대 어머님께서 키우던 아이였다. 식이 알레르기에 아토피가 있는 둥이 때문에 병원을 집처럼 드나드시던 둥이 보호자는 눈물을 흘리면서 동물병원 원장님께 매달렸다. 당신은 불치병에 걸렸는데 둥이는 피부병 때문에 입양이 되지 않으니, 둥이를 살려 달라는 것이었다.

결국 3년을 동물병원에서 꼬박 함께 지냈다. 둥이는 동물병원에 오는 검은 옷을 입은 아저씨들이라면 여지없이 물었고, 고객이 오면 데스크 의자에 앉아 짖으면서 내쫓는 일이 생활이었다. 불행 중 다행인 사실은 여자들이나 밝은 옷을 입은 남자들에게는 무관심하게 반응한다는 것이었다. 그렇다고 고객들에게 밝은 옷을 입고 동물병원에 오라고 안내할 수는 없는 노릇이었다. 둥이는 직원 중에서도 유일하게 나를 따랐고, 그런 강아지를 다른 곳에 입양 보내기란 힘들었다. 사실 다른 누군가에게 이 말 안 듣고 까다롭고 손도 많이 가는 강아지를 떠넘기고 싶지 않았다.

그 무렵 나는 결혼을 했고, 내가 결혼하기 전 해에 내 첫 강아지 애지는 무지개다리를 건넜다. 이듬해에는 신랑의 요크셔테리어 콩이도

16세로 하늘나라에 갔다. 둥이를 집에 데려오고 싶어도 말조차 꺼낼 수 없는 상황이었다. 더군다나 바쁜 동물병원 근무 중에는 어느 누구도 매일 둥이를 산책시킬 수 없었다. 그러던 중에 나는 애견유치원 창업을 생각하게 되었고, 비슷한 시점에 창업을 시작했다. 그와 동시에 둥이는 비로소 자유와 집과 보호자를 찾았다. 2016년, 그때부터 둥이는 김둥이가 되었다.

Episode 3

엄마,
아미 어디 있나요?

아이가 태어나고 24개월까지는 같이 사는 강아지보다 강아지 인형을 더 좋아했다. 생후 50일이 지나 처음 방문한 애견유치원과 동물병원에서, 자기보다 몸집이 큰 강아지들이 자기를 자꾸 밀치니 그럴 수도 있겠다 싶었다. 이런 것을 보면 어린 시절의 기억은 강아지에게나 사람에게나 중요하다. (그랬던 아들이 지금은 매일 둥이에게 뽀뽀를 하며 우리 가족이라고 안아준다.)

나와 함께하는 반려견은 시츄 둥이와 포메라니안 아미인데, 이 둘은 모두 성품이 차분한 친구들이라 아들에게는 더없이 좋은 친구이자 가족이다. 내 막냇동생들이라 아들에게는 삼촌이 되려나 싶어 둥이 삼촌, 아미 삼촌이라 가르쳤는데 제멋대로 "둥이야-" "아미야-" 부른다. 하긴 엄마 이름도 가끔 "수연아-" 하고 그냥 부르니까….

이들이 집에서 함께 지내는 날이면 아들도 하루의 시작이 밝다. 눈을 뜨자마자 "엄마, 아미 어딨어요? ", "아미야, 놀자.", "아미야, 같이 이거 하자." 말도 잘 못하는 29개월은 강아지를 쫓아다니느라 바쁘다. 둥이는 늘 시큰둥하게 반응하니 아들에게 인기가 없지만, 아미는 빨빨거리며 다니니 아들에게 인기가 많은 편이다. 고맙게도 아미와 둥이는 아들 옆에 앉아 있어 준다.

시츄 밍키는 7년을 넘게 동물병원에 다니던 할머니의 강아지였다. VIP 고객님이시니 거동이 불편하고 혼자 사는 할머니를 위해 밍키를 데리러 가기도 하고 치료가 끝나면 데려다주기도 했다. 밍키는 결석이 재발해서 늘 고생했다. 결석 때문에 혈뇨를 보기도 하고 찔끔찔끔 오줌을 싸지만 깔끔한 친구라 아무 데서나 용변을 보지 않고 절대 밟지도 않는다.

실제로 비슷한 둥이와 아미

어느 날은 밍키를 데려가 치료받으라고 하시기에 집으로 갔더니 할머니께서는 "사무장, 웬일이야? 내가 오라고 했다고? 언제? "라고 하셨다. 당신 말씀을 전혀 기억하지 못하시는 할머니의 치매 증상에 밍키를 안고 울면서 병원에 왔다. 그날로부터 6개월 뒤 할머니는 요양원에 들어가셨고, 조카분이 병원에 밍키를 부탁한다며 포기 각서를 작성하고 갔다.

그 해 밍키는 16세였고, 이듬해 친정엄마와 상의한 끝에 우리 식구가 되었다. 밍키는 인지장애증상이 있어 갑자기 화를 내기도 하고 계속 먹기만 할 때도 있다. 하지만 아직도 용변은 패드에서 보려고 한다. 미처 거기까지 가지 못해 패드 밖에 실수하더라도, 결코 소변을 밟지는 않는다. 자기 한 몸 제대로 가누지도 못하는 어르신인데…. (2020년 12월 밍키는 결국 하늘나라로 갔다.)

Episode 5

어떤 상황이 와도
그들은 우리를 위로한다

나이도 성향도, 입양 시기나 계기도 모두 달랐지만, 강아지들에게 는 한 가지의 공통점이 있었다. 내게 가족으로서의 역할을 충실히 다 했다는 것이다. 그들은 내가 혼자 있을 때 나를 지켜주었고, 가족과 함께 웃음 짓기도 했으며, 억지로라도 운동할 수 있도록 도와주기도 했다. 그리고 그들은 나의 몸과 마음을 건강하게 해주었다.

20대의 흔들리던 청춘이던 나는, 미래에 대한 불안감과 연애의 실 패로 집에서 엉엉 소리 내어 울었던 적이 있다. 그때 눈물 콧물 다 흘 리면서 우는 내 무릎에 살포시 앉아서 손을 핥아주던 애지가 그립다. 한창 밤나들이를 즐기던 그 시절에, 밤 10시가 넘었는데 내가 집에 들어오지 않으면 문 앞에서 울면서 기다리던 고양이 금비도 그립다. 그리고 그들이 있었기에 나는 조금씩 성장했고 조금씩 단단해져 갔 다.

Part 02 강아지, 어디서 입양하나요?

강아지 좀 구해 주시면 안 될까요?

15년 전쯤 고객 중 한 분이 나에게 부탁을 했다. 강아지가 죽고 얼마 되지 않아 가족 모두 허전하다며 아기 말티즈의 입양을 원한다고 하였다. 나는 말티즈 전문 브리더[7]를 알지도 못했을뿐더러, 당시 다른 고객들이 키우던 말티즈 중에는 새끼를 낳은 친구도 없었다. 그 길로 나는 강아지 경매장, 애견샵, 유기견 보호소에 방문하여 보았다. 이를 바탕으로 각 입양처별로 입양이 어떻게 진행되는지, 또 어떠한 특징이 있는지 간단히 정리하였다.

강아지 경매장

강아지 경매장에서는 어느 강아지가 건강한지(항문은 깨끗한지, 콧물은 없는지, 변은 정상인지 혹은 활동성이 좋은지 등), 어느 강아

---

7) breeder, 가축이나 식물의 교배, 사육, 생산을 하는 직종 혹은 그 직종을 가진 사람을 부르는 호칭.

지가 예쁘게 생겼는지 제대로 살펴보기 어렵다. 그곳에서는 강아지들이 작은 구멍이 뚫린 상자 밖으로 나오면 앞에 있는 경매사가 강아지의 상태에 대해 이야기하고, 그때 빠르게 버튼을 누른 사람이 강아지를 데려갈 수 있다. 순식간에 수십에서 수백 마리의 강아지들이 사람들의 손에 떠나가는 셈이다.

애견샵

애견샵에서는 강아지들을 칸막이 유리장에 진열한다. 고객은 유리장 안의 강아지들을 만져보기도 하고 살펴보면서 입양할 강아지들을 선택한다. 애견샵에 있는 모든 강아지가 건강한 것은 아니다. 가장 큰 문제는 콧물, 재채기를 하는 강아지와 건강한 강아지가 한 공간에 있을 때가 있다는 것이다.

강아지 전문 견사

무차별적 번식을 지양하고 인도적인 환경에서 품종견을 전문적으로 보존·관리·분양하는 곳을 전문 견사라고 한다. 물론 이들 모두가 최상의 복지환경을 갖추고 있는 것은 아니다. 우리나라의 브리딩의 역사는 짧고, 수의학·생물학·유전학 등의 학문을 바탕으로 조사·연구하는 브리딩을 하는지도 알 수 없다. 다만 강아지 공장과 비교해 보았을 때 양질의 음식을 섭취할 수 있고, 야외에서 신나게 뛰어놀 수 있어 모견과 함께 안정적인 사회화 과정을 이룰 수 있지 않을까 생각한다. 때에 따라서는 혈통서와 유전병 검사, 모견과 부견의 확인이 가능하다.

유기견 보호소

최근 유기동물을 입양할 수 있는 보호소가 많이 생겼다. 개인이 운영하는 보호소부터 기업이 운영하는 곳까지 그 형태도 매우 다양해졌다. 하지만 그곳들이 '100% 신뢰할 수 있는 공간'이라고 보기는 어려우므로, 나는 가장 좋은 방법으로 시에서 운영하는 보호소들을 추천한다.

시 보호소는 지역마다 있으며, 이들을 한 번에 살펴볼 수 있는 사이트에는 나라에서 운영하는 동물보호관리시스템(https://www.animal.go.kr)이 있다.

동물보호관리시스템 홈페이지

유기동물이라고 해서 늙고 병들고 문제행동을 보이는 강아지만 있는 것은 아니다. 위에서 언급했다시피 사람들이 개춘기 보통 생후 8~13개월의 강아지를 지칭한다. 호르몬 변화로 인해 생기는 개춘기에는 행동 변화와 신체 변화를 겪는다. 호기심이 왕성해지며 고집이 세지고, 활동성이 좋아지며 에너지가 넘치는 시기이다.

시절을 견디지 못하고 강아지를 포기하는 경우도 많기 때문이다.

유기견을 입양하기 전에 보호소를 방문하여 봉사활동을 여러 차례 해 보는 것을 추천한다. 성급하게 결정하기보다는 봉사활동을 통해 강아지의 성향을 파악하고 나와 잘 맞는 강아지를 찾아 보는 것도 좋은 방법이다. 사람과 사람의 만남에도 끌림이 있듯이, 강아지와 사람의 만남에도 끌림이 있을 것이다.

그럼에도 유기견을 당신의 반려견으로 추천합니다.

그럼에도 유기견을 반려견으로 추천하는 이유는, '유기견뿐만 아니라 반려견을 가족으로 맞이하는 일은 쉽지 않은 일'이기 때문이다.

깨끗하고 위생적인 환경에서 어미 젖을 충분히 먹고, 사람의 돌봄을 받고 나온 강아지가 있다. 2개월령쯤에 다른 가족에게 입양을 갔는데 충분한 돌봄(먹이나 산책과 놀이 활동 등)을 받지 못하고 집안 환경을 어지럽힌다는 이유로 버려진다면 이때부터는 어느 곳에서 나고 자랐느냐가 중요하지 않은 유기견의 삶이 된다.

강아지 공장에서 자란 강아지나 무분별하게 번식하는 업자들의 강아지는 번식장 안의 위생 문제가 심각하고, 병에 걸려도 치료받지 못한다. 그곳에서는 비용을 절감하기 위해 발정유도제를 투여하여 계속 새끼를 낳게 하며, 이로 인해 개의 건강에 문제가 생기면 폐기한다. 감금된 개들은 스트레스로 사육장 안에서 정신적·신경적 이상으로 무의미한 말이나 동작을 반복하거나 지속하는 증상을 보인다.

태어난 새끼들은 애견샵이나 온라인 매장으로 유통하여 분양한다. 그러나 열악한 환경에서 자라났기 때문에 면역력이 현저히 떨어지며, 홍역이나 파보장염 등의 바이러스성 질병에 노출되어 사망하는 경우가 있어 종종 분쟁이 발생하기도 한다. 이들은 다른 강아지 또는 사람과 유대관계를 맺지 못하고 2개월이 채 되기도 전에 분양이 된다. 물론 이들이 데리고 있는 어미개도 제대로 사회화가 되어 있지 않으며 면역력 또한 취약하다.

이들이 운 좋게 좋은 가정으로 입양이 되더라도, 예방접종과 면역력의 문제로 산책하러 나가지 못하고 집 안에서만 길러지게 되는 경우도 허다하다. 번식장과 경매장, 애견샵을 통해 분양되는 강아지들은 견생에서 가장 중요한 생후 6개월까지의 사회화 시기를 적절하지 못한 환경에서 보내게 된다. 이로 인해 수많은 문제행동이 발생할 수 있다. (물론 보호자로 인한 문제행동이 훨씬 많기는 하다.)

유기견에게는 다양한 마음의 상처가 있을 수 있다. 그러나 좋지 않은 상처와 기억은 새로운 보호자가 안정된 환경을 제공하고 충분히 회복할 시간이 주어진다면 대부분 극복이 가능하다. 트라우마로 남을 경우, 반려견 환경 관리와 감정을 안정시킬 수 있는 교육으로 도움을 줄 수 있다. 보호자의 적극적인 노력으로 강아지가 충분히 나아질 수 있다는 것이다.

당신이 만일 유기견 입양을 고려한다면, 나는 그 사실만으로도 감사함을 표현하고 싶다. 유기견 입양은 적극적인 동물 사랑이며, 동물 복지에 대한 기여이기 때문이다.

Episode 6

강아지 경매와 애견샵,
그리고 유기견 보호소

강아지 경매장은 어른들의 시장이었다. 20대 애송이 동물보건사가 있을 만한 곳이 아니었다. 나는 그곳에서 눈을 뜨고 구경만 하다가 집에 돌아왔다.

그러다 애견샵을 찾았다. 아는 곳은 없었지만, 강아지를 많이 판매한다는 큰 곳으로 가서 내 상황을 이야기한 뒤, 강아지를 데려가고 싶다고 했다. 그들은 나 역시 고객이 될 수 있다고 생각했는지, 강아지를 보여주고 판매가와 할인가를 동시에 제시하였다. 다른 고객과 다른 조건이라면 나에게는 환불이 안 된다는 말도 덧붙였다.

데려온 말티즈는 운이 좋게도 건강했다. 나는 자신감이 붙어 같이 근무하던 후배에게도 원하는 품종의 강아지를 데려다주었다. 그런데 애견샵을 오가면서 보니 설사를 하고 토하는 강아지들도 종종 보였다. 그러나 애견샵의 사장님은 개의치 않았다. 경매장의 마리당 판매가격과 이곳의 판매가격을 비교했을 때, 50%만 살아서 나가도 이익이 되기 때문이었다. 그 당시에는 그랬다.

경매장과 애견샵의 이면을 보고 나니 고객들에게 더는 아기 강아지를 키우라고 추천할 수가 없었다. 나는 분양하는 곳을 모른다고 하거나, 고객들의 강아지가 새끼를 낳으면 소개해 주거나, 동물병원 고객 중 우수 개체로 브리딩breeding을 하는 견사를 소개하는 방법을 택했다. 하지만 견사들은 특정 품종을 대상으로 브리딩을 하므로 본인이 원하는 강아지의 품종을 찾기가 어렵거나 비용이 많이 드는 탓에 연결이 쉽지 않았다. 나는 이왕이면 좋은 일을 하는 것이 낫겠다 싶어 유기견을 임시보호하거나 유기견들이 지내는 보호소를 고객들에게 연결해 주었다.

Episode 7

문제 행동이 발생할 수밖에 없는 유기견들

유기견들에게 관심을 가지면서 임시보호[9]도 함께하기 시작했다. 그런데 임시보호하던 유기견들에게서 문제행동이 관찰되었다. 특히 보호소에서 태어났거나 생활했던 친구들은 본능에 더욱 충실해졌다. 무리 지어 생활하지 않으면 불안해하는 생존본능이 높아지면서 새로운 사람에게 의지하려는 집착이 심해졌다. 간혹 사람을 경계하는 경우도 있었지만, 이런 경우는 믿음을 주는 생활로 풀어지기도 한다. 이에 소요되는 시간이 각기 다른 것이 문제지만…

내가 임시보호를 하면서 느낀 것은, 내 반려견들은 나와 줄곧 함께했기 때문에 문제행동이 나타나지 않았거나 나타나더라도 이내 소거될 수 있었다는 것이다. 그러나 유기견은 유기되거나 유실된 강아지들이므로 그에 따른 불안 증세가 나타날 수 있다. 결국 문제가 있어서 버려진 것이 아니라 버려지면서 문제가 된다는 것이 눈에 보이기 시작했다.[10]

---

9) 임시보호란, 유기되어 질병을 치료 중이거나, 나이가 많거나, 낯선 사람을 너무 경계한다거나 하는 등의 이유로 오랫동안 입양되지 못한 동물들이 안정적인 가정환경에서 적응하도록 돕고 편안히 치료받을 수 있도록 일정 기간 보호하는 것.

10) 박원경 기자, "[마부작침] 유기동물을 부탁해 ② 가장 많이 버려진 반려동물 종(種)은? ", SBS뉴스, 2017.10.02.

Part 03 키우려면 얼마가 들까요?

나는 마음의 준비가 끝났어요.

"매일매일 산책할 수도 있어요.", "밥도 제가 주고 똥도 제가 치울 거예요." 강아지를 데려오기 전 아이들의 반응이다. 동물병원에 와서도 엄마 아빠 앞에서 다짐을 수십 번씩 한다. 엄마 아빠도 마음의 준비를 다 하셨을까?

요즘은 50% 이상이 1인 또는 2인 가족이다. 혼자 사는 사람, 딩크족이라 불리는 아이 없는 집, 할머니 할아버지도 함께 사는 대가족, 부부와 아이, 한부모와 아이, 조부모와 아이 등 어떠한 형태의 가정이든 강아지를 좋아하는 집이라면, 혹은 강아지를 보고 귀엽다고 생각하는 가족 구성원이 있다면 강아지를 반려동물로 선택한다. 하지만 이들이 앞서 생각해야 할 것이 한 가지 있다. 바로 '비용'이다.

왜 내 병원비보다 비싸?

나는 아이를 임신하고 산부인과에 갔다. 2~5분 정도 초음파를 보고 5분 이내로 상담을 받고 나오는 데에 초음파 7만7천 원, 진료 1만

5천 원을 결제했다. 이 중 진료비만 의료보험 처리되어 8만 원가량을 내었다. 초음파 기기 속의 우리 아이를 보면서 느낀 것은, '산부인과의 초음파보다 우리 동물병원 초음파가 더 잘 보인다는 것'이었다.

임신한 강아지를 동물병원에서 초음파로 진단할 때, 보통 10~20분 정도가 소요된다. 아무리 얌전한 강아지도 그렇게나 오랜 시간 동안 배를 내놓고 있도록 하기는 어렵기 때문에, 보호자와 함께 보거나 수의테크니션11)이 1~2명 함께한다. 그리고 임신한 강아지의 심박12) 소리까지 듣고 심박수를 체크한다. 한 마리가 아닌 경우가 많으니 뱃속을 이곳저곳 찾아보기도 한다. 그마저도 얌전하게 배를 보여주는 친구의 경우이다. 그리고 3~8만 원 사이의 비용을 결제한다. 그마저도 소형견의 경우이다.

동물병원에서 근무하면서 결제 시 보호자에게 아직도 듣는 이야기는 "왜 내 병원비보다 비싸?"이다. 일반적인 감기로 예를 들면, 사람은 의원에 가서 상담을 하고 주사 처치를 받고 약을 처방받는다. 그리고 병원에는 8천 원을, 약국에는 5천 원을 지불한다. 이 중 50~70% 정도의 금액을 국민건강보험공단에서 부담한다. 실제 청구되는 것은 3만 원 이상이 된다는 것이다. 강아지가 감기로 동물병원에 가서 상담과 주사 처치 후 3일분의 약을 받으면 2~4만 원이 나온다. 그 이상

---

11) 동물보건사.
12) 심장박동의 줄임말.

나온다면 그 외 다른 처치를 한 것이다. 강아지는 감기인지 다른 질병인지 눈으로만 판단할 수 없기 때문이다. 왜? 말을 못하므로.

　일반적으로 동물병원의 수의사는 검사하기를 권한다. 그러나 검사 후 이상이 나타나지 않으면 과잉진료하는 동물병원의 수의사가 되어버린다. 어떤 수의사는 보호자와 충분한 상담 후 대증치료[13]를 하고 보냈는데 다른 병원에서 큰 병으로 진단받았다고, 오진하고 말 못하는 동물 대충 진료하는 능력 없는 수의사가 되었단다. 그들은 항시 오진과 과잉진료 사이에서 헤매고 있다. 더군다나 동물병원의 검사는 큰 수익이 나지 않는다. 키트나 기기를 사용하기에 리스, 수리, 보수, 약품 사용 등 비용이 나가기 때문이다. 그래도 비싸다고 생각한다면 가까운 일본 등 해외 사례들을 찾아보기를 바란다.

　20년 전에도 30만 원이었던 시츄 입양 비용이 현재 50만 원이고, 20년 전 1만5천 원이었던 백신이 아직도 2만 원이라면 물가 대비 너무 안 오른 것 같다. 동물병원에서 근무한다고 해서 동물병원 입장에서만 이야기하는 것이 아니라, 현실이 그렇다. 어찌 되었든 반려동물과 함께하려면 돈이 많이 든다. (사람 아이를 키우는 데에는 더 많이 든다. 돈도 힘도. 하하하)

---

13) 환자의 증상에 따라 대처하는 치료법.

강아지 양육비용

일반적으로 강아지 한 마리를 키울 때 드는 비용은 다음과 같다.

입양비

종에 따라 나이에 따라 천차만별이다. 유기견을 입양하는 경우 책임비[14]가 0~15만 원, 전문 견사에서 입양할 시 150~500만 원 등 가격 차이가 크게 난다.

용품

한번 사면 오래 쓰지만 꼭 필요한 것들로 구입한다. 식기, 목줄, 인식표, 이동장, 방석이나 하우스, 빗 등이 있다.

식기는 1,000원의 플라스틱 그릇부터 5~6만 원을 넘는 사기그릇이나 디자인 그릇이 있다. 목줄이나 몸줄을 세트로 구매할 때 1~3만 원가량의 비용이 든다. 동물 등록을 할 때 내장칩 또는 외장칩을 선택할 수 있으며, 내장칩은 4~5만 원(시술 비용 포함)이 드는데 시에서 지원이 되는 시기에는 1만 원으로도 등록할 수 있다. 외장칩(외장 인식표)은 1~4만 원까지 디자인에 따라 가격이 달라진다. 이동장 또는 가방을 선택할 때는 항공기나 대중교통에서 이용 가능한 PP 소재

---

14) 일정 금액의 책임분양비를 받고 판매하는 방식.

를 선택하는 것이 좋은데 이는 품종에 따라 3~20만 원까지의 비용을 생각해야 한다. 방석과 하우스는 강아지가 편히 쉴 수 있는 넉넉한 크기가 좋고 혼자만의 시간을 갖거나 몸을 숨길 수 있는 지붕이 있는 형태도 좋다. 이는 1~10만 원 정도의 비용이 들어간다. 빗은 품종의 모량[15]과 모질에 맞게 선택하며 일반 브러시 1~3만 원, 안면빗 5천 원~2만 원의 비용이 든다.

사료와 간식

사료의 종류와 등급에 따라 가격이 천차만별이지만, 생식이나 화식을 제외하고 사료를 급여한다고 했을 때 강아지의 건강을 위해 지나치게 저급인 사료보다는 등급이 어느 정도 있는 제품을 선택하는 것이 좋다. 5kg의 강아지가 하루 100g(종이컵 한 컵 반)을 먹는다고 했을 때 한 달이면 3kg을 급여하게 된다. 이를 기준으로 계산해보면 사료에는 월 3~5만 원의 비용이 발생한다. 간식은 기호에 따라 껌이나, 포, 츄르, 쿠키 등 다양한 종류로 급여하게 되는데 개당 1천 원부터 3만 원까지의 비용이 들어간다.

소모품

쓰면서 소모되거나, 버려야 하거나, 금방 망가지는 것들이 이에 포

---

15) 털의 양.

함된다. 패드나 장난감, 칫솔, 치약, 샴푸, 귀 세정제 등이 이에 포함된다.

패드는 배변판(1~2만 원)을 사용하기도 하지만 보호자가 매번 씻어주거나 사용하기 전까지 배변 교육을 충분히 해야 하는 고충이 있다. 5kg의 강아지가 패드에 배변할 경우 월 1~3만 원이 든다. 장난감은 개당 5천 원에서 3만 원의 금액으로 구매가 가능하다. 치약은 매일 한 번씩 양치질하여도 2개월 이상은 사용할 수 있으며 개당 1~3만 원이다. 칫솔은 사람과 같이 매달 주기적으로 교체해 주면 좋겠지만 그렇지 못한 경우(양치질을 매일 시키기 어려운 경우 등) 3개월마다 교체해 준다. 칫솔은 1만 원 이하로 구매할 수 있다.

당신이 만일 비숑프리제를 전문 견사에서 300만 원에 입양하고 식기 3만 원, 하네스 2만 원, 동물 등록 4만 원, 이동장 5만 원, 방석 4만 원, 빗 두 종류 3만 원, 패드 2만 원, 사료 4만 원, 간식 2만 원, 장난감 1만 원, 칫솔과 치약 2만 원, 샴푸 4만 원, 귀 세정제 1만 원을 지출한다면 총 337만 원이 필요할 것이다. 물론 유기동물을 입양하였을 시에는 100만 원 미만이 될 것이다. 위에서 언급한 기본적인 양육비를 제외하고, 강아지를 관리하는 데 드는 비용도 있다.

강아지 관리비용

강아지를 키우면서 추가로 발생하는 관리비용에는 다음과 같은 것들이 있다.

미용비

품종에 따라 다르지만 5kg 미만의 소형견을 짧게 미용해서 관리하면 2개월에 한 번씩 미용하게 되며, 1개월에 한 번은 부분 미용을 하는 경우도 있다. 미용을 짧게 하는 것을 추천하지는 않는다. 피부에 땀구멍이 없어 털을 밀었을 때 외부의 온도에 바로 직접적으로 노출되기 때문에, 위생을 위해 미용을 한다고 해도 6mm 이상을 추천한다.

간혹 6개월 또는 1년에 한 번씩 와서 미용하도록 하는 보호자들도 있다. 집에서 매일 빗질을 하는 등 피모 관리를 잘하는 경우는 관계없지만, 대부분 엉키거나 뭉치는 털로 인해 피부에 손상을 주는 경우가 있기 때문에 집에서 관리가 어렵다면 강아지와 잘 맞는 애견미용실을 찾기 바란다. 5kg의 소형견의 경우 전체미용은 짧게 클리핑[16] 하는 경우 3~6만 원, 스타일 컷을 하는 경우 5~20만 원까지의 비용이 발생한다.

---

16) 3mm~20mm까지 전동이발기를 사용하는 애견미용 방법.

병원비

자견의 경우 5종백신을 6차에 걸쳐 진행하였을 때 25~30만 원이 든다. 성견이 되어도 추가 접종이 필요하다. 시간이 지나면서 체내 면역력이 떨어져서 연 1회의 추가 접종을 하는데, 이때 5종을 나누어 접종하며 10~15만 원의 비용이 발생한다. 10kg 미만의 강아지가 매달 심장사상충 예방과 내외부기생충 예방약을 함께하면 2~4만 원이 든다.

교육비

개는 사회적 동물이다. 살아가면서 중요한 규칙을 생후 몇 주에 걸쳐 익히게 되는데, 이러한 규칙을 미리 습득할 수 있도록 교육하는 것이 중요하다. 강아지들의 언어는 생각보다 복잡하고 사람과 의사표현 방식이 다르기 때문에 많은 부분을 오해한다. 품종에 따라 상대적으로 특정 행동이 두드러지게 발달하는 경우도 있다.

이러한 동물의 몸짓 언어를 능숙하게 인지하는 보호자와 사회 규칙을 잘 인지하는 반려견은 서로에게 큰 도움을 준다. 자견 시기에 기본 매너 등의 퍼피클래스 교육비용이 이후 문제행동을 교정하기 위한 시간·노력·금전과 비교한다면 훨씬 적게 들어간다는 것을 잊지 않았으면 좋겠다. 교육비용은 가정으로 출장교육 시 회당 10~50만원, 훈련소 입소 또는 교육 프로그램을 운영하는 애견유치원 등은 월

50~200만원의 비용이 발생한다.

   이외에도 건강하게 키우고자 좋은 음식과 관리를 제공해도 설사와 구토를 한다거나, 중성화수술을 해야 하는 경우, 슬개골탈구[17]수술을 해야 하는 경우, 질병에 걸리거나 사고가 났을 때 등 예상치 못한 순간에 발생하는 비용들이 있다. 국내 동물병원에서 책정하는 의료비는 해외의 경우와 비교하였을 때 그리 높은 편이 아니나, 우리나라는 사람의 의료보험체계가 잘 되어 있고 사람이 아닌 동물에게 사용되니 고가의 금액이라 생각하는 경우가 많다.[18] 그래서 요즘은 기업 차원에서 운영하는 애견보험의 종류도 늘어나는 추세이다.

---

17) 슬개골은 삼각형 모양으로 무릎 관절 위에 위치하여 무릎 관절을 보호하며, 무릎의 폄과 접음을 용이하게 하는 역할을 한다. 슬개골탈구는 슬개골이 정상적인 자리를 이탈하는 관절 질병이다.

18) 이학범 기자, "동물병원 진료비 수가제·공시제, 준비없이 시작하면 혼란만 가중", 데일리벳, 2018.08.01.

대분류	소분류	예상 소요 비용 및 항목
		분류별 강아지 양육비
입양비		유기견을 입양할 경우 : 0원 ~ 150,000원 전문 견사를 통해 입양할 경우 : 1,500,000원 ~ 5,000,000원
용품	식기	1,000원 ~ 60,000원 이상
	목줄	10,000원 ~ 30,000원 (세트 구매 시)
	인식표	내장칩 : 40,000원 ~ 50,000원 외장칩 : 10,000원 ~ 40,000원
	이동장	30,000원 ~ 200,000원
	방석·하우스	10,000원 ~ 100,000원
	빗	일반 브러쉬 10,000원~30,000원 안면 빗 5,000원~20,000원
소모품	패드	월 10,000원 ~ 30,000원 (5kg 소형견 기준)
	장난감	개당 5,000원 ~ 30,000원
	치약	10,000원 ~ 30,000원
	칫솔	10,000원 이하
사료/간식	사료	월 30,000원 ~ 60,000원 (5kg 소형견이 하루 100g의 사료를 섭취할 경우)
	간식	개당 1,000원 ~ 30,000원
미용	클리핑	30,000원 ~ 60,000원 (5kg 소형견 기준)
	스타일컷	50,000원 ~ 200,000원 (5kg 소형견 기준)
병원비	예방접종	자견 : 250,000원 ~ 300,000원 (5종백신 6차) 성견 : 100,000원 ~ 150,000원 (연 1회 추가 접종, 5종백신을 나누어 실시)
	예방약	심장사사충 + 내외부기생충 : 20,000원 ~ 40,000원 (10kg 미만 중소형견 기준)
	기타비용	수술비 등

Episode 8
강아지를 키우는 비용

강아지 먹이에 드는 비용은 어느 것을 어떻게 제공하느냐에 따라 다르다. 나는 반려견에게 '알파*'를 먹인다. 대개는 친정엄마가 만들어서 먹이곤 하지만, 간혹 수제 간식점에서 도시락을 구입해서 먹일 때도 있다. 수제 간식점에서 구입하게 되면 한 끼에 5,000원꼴이다. 나는 '수수*푸드'와 '바르다*'을 종종 이용한다. 펫푸드라고 해도 사람이 먹는 음식 못지않게 관리를 하고 있다. 무엇보다도 아이들이 잘 먹는다. 이제 펫푸드도 믿음이 필요하다. 그리고 그 믿음에 따른 비용을 지불해야 한다.

끼니는 최소 아침과 저녁 하루에 두 끼를 급여해야 하며, 가끔 간식을 주고 패드를 사용해서 배변 관리를 한다. 초기에 발생하는 비용과 반영구 제품들까지 함께 계산해 보면 적지 않은 돈이다.

Chapter 2
강아지 케어하기

Part 01 예방접종, 매번 해야 하나요?

아기 강아지에게는 필수

태어난 지 얼마 안 된 아기 강아지는 어미의 초유에서 비롯된 항체에 의해 수동면역을 가지고 있다. 이 수동면역은 6~8주가 되는 시기부터 감소하여 9~12주가 되면 없어진다. 모체로부터 받은 면역력이 감소하는 시기인 생후 45일부터 최소 3회 이상은 접종을 실시해야 한다. 이는 가능한 한 빠른 시간에 면역력을 활성화시키기 위한 것이다. 동물병원이나 보호자가 추가로 선택하기도 하지만 가장 보편적인 백신은 다음의 5가지를 6회에 나누어서 진행한다. (종합백신, 코로나 장염, 켄넬코프기관지염, 개인플루엔자, 광견병)

A. 종합백신(DHPPL or DHPPi) : 5종 또는 4종

국내에서는 쥐로 인해 전염되는 렙토스피로시스를 포함한 5종백신보다는 4종백신을 많이 진행. 해외로 출국해야 하는 경우 나라에 따라서 렙토스피로시스 백신 예방을 요구한다.

5종에 들어가는 상세 내역은 다음과 같다.

· 홍역(Distemper) : 홍역은 구토와 설사, 콧물, 재채기, 호흡곤란, 점액 화농성 눈물 등이 나타난다. 때로는 신경계에 침투하여 운동 실조나 사경, 안구진탕(눈동자 떨림), 열과 식욕부진을 동반하고 탈수 증상. 홍역 바이러스 감염 시 림프절, 중추신경계, 상피세포에 8~11일 내 퍼진다.

· 전염성 간염(Hepatitis) : 아데노바이러스라고 불리며 간, 신장, 상피세포에 침입하여 간세포를 손상시키고 신장의 사구체상피를 파괴하여 사구체신염을 유발. 각막부종과 혈관내피 손상. 열, 구토, 설사, 복부통증, 편도염, 인두염, 경부림프절의 부종, 기침, 출혈, 신경계 이상을 보이며 급성의 경우 몇 시간 내 사망.

· 파보장염(Parvovirus Infection) : 3개월 미만의 아기 강아지들에게 치명적이며 열과 구토, 혈변, 설사, 탈수, 저체온증, 패혈증, 백혈구감소증, 빈혈을 일으킨다.

· 파라인플루엔자(Parainfluenza) : 전염성 감기로 켄넬코프(Kennel Cough)의 원인이 되며 세계적으로 확산되어 있는 전염성이 강한 호흡기 질병의 원인균. 2주간 바이러스 배출하면서 기침과 열, 콧물, 기력저하, 식욕부진의 증상.

· 렙토스피로시스(Leptospirosis) : 렙토스피라균에 의해 감염된 쥐나 동물의 배설물(오줌)을 통해 전파. 세균은 오염된 물, 음식 등에 있다가 피부 상처 혹은 점막을 통해 내부 장기로 이동. 신장과 간장에 주로 이동하여 빈혈과 황달, 폐렴, 발열, 근육통, 식욕 저하, 설사, 구토 등을 유발. 증상에 따라 급성과 만성, 출혈형, 황달형, 신부전형 등으로 나눈다.

B. 코로나장염(Canine Coronavirus)

장융모세포에 침입하여 급성 설사를 유발. 구토와 혈변 증상을 보이며 파보 장염과 함께 감염되는 경우도 있다.

C. 켄넬코프[19] 기관지염(Kennel Cough Complex)

다양한 원인으로 호흡기 증상을 일으키는 '전염성 기관지염'은 발열과 기침 등 사람의 감기와 비슷한 증상이 오랫동안 유지되는 특성이 있으며 특히 건조한 겨울철에 발생 확률이 높다.

---

19) 켄넬코프의 켄넬(Kennel)은 개의 사육장을 뜻하는 말인데, 집단으로 사육되는 곳에서 자주 발병해서 만들어진 병명이다.

D. 개인플루엔자(Canine Influenza)

개과에서 발생하는 인플루엔자로 H3N8에 감염된 80%의 개에서 증상이 나타나며, 일반적으로 가벼운 증상(나머지 20%는 무증상감염)을 보이고 10~30일 정도 지속하는 기침과 녹색의 콧물, 고열과 폐렴의 증상. 폐렴이 발생한 경우 적절한 치료를 하지 않으면 치사율이 50%로 높아질 수 있다.

E. 광견병(Rabies Virus)

인수공통감염병으로 국가에서 관리하는 질병. 우리나라는 광견병 발생 국가로 해외 출입국 시 광견병 항체검사는 필수. 광견병 바이러스는 증상이 나타난 숙주의 타액에 많이 존재하며, 감염된 동물의 증상은 크게 침울형(또는 마비형)과 광폭형으로 나눌 수 있으며 두 가지 증상 모두가 나타나기도 한다.

F. 내·외부 기생충(Endo·Ecto Parasite)

몸 길이가 10cm를 넘는 회충에서부터 현미경으로 확인해야 하는 원충 등 그 종류가 다양하다.

그중 심장사상충은 감염 시 심장에서 서식과 번식을 하여 생명을 위협하므로 매달 예방약을 사용한다. (백신을 사용하는 곳은 많지 않다.)

내·외부 기생충의 종류

심장사상충(heartworm)

입양한 지 며칠 후에 백신 예방접종을 할 예정이라면, 접종을 조금 뒤로 미루기를 권한다. 새로운 환경에 적응하기도 힘든 와중에 주사까지 맞게 되면 과도한 스트레스로 강아지가 구토나 설사 등의 증상을 보이기도 하고, 침울하거나 기력이 없어질 수 있기 때문이다.

백신을 5차 접종까지 모두 끝내지 않아도 산책이나 친구 만들기, 퍼피클래스 교육 등에 참석하는 것은 가능하다. 가급적 백신 접종

위에서 나열했듯이, 백신을 접종하지 않았을 때 발생하는 질병과 증상을 살펴보았다. 물론 백신을 한다고 100% 건강하게 살 수 있는 것은 아니다. 백신을 접종하게 되면 바이러스에 노출되더라도 이겨낼 수 있는 힘이 있기 때문에, 적어도 백신을 하지 않았을 때 발생하는 바이러스들에 대한 증상들은 지나갈 수 있다는 것이다.

예방접종별 접종시기				
예방접종명	기초접종	접종시기	접종간격	추가접종
혼합백신	5회	생후 40일부터	2~4주	연 1회
코로나 장염	2~3회			
전염성 기관지염	2~3회			
개 인플루엔자	2회			
곰팡이백신	2회	생후 70일부터		
광견병	1회	생후 90일부터		
심장사상충 예방	월 1회 (8주령부터)			
외부기생충 예방 및 구제	연중(음, 벼룩, 진드기 예방) 월 1회 (8주령부터)			
내부기생충 예방 및 구제	4~10월 : 월 1회 / 10~2월 : 2~3개월 마다 1회			

성견은 다른 방법도 있다.

강아지가 백신 알레르기 반응이 있는 경우, 노령이나 몸이 약해 백신을 시행하기 어려운 경우, 보호자가 백신을 신뢰하지 않거나 백신 알레르기에 대한 두려움이 있는 경우가 있다. 이런 경우에는 1년에 한 번씩 항체검사를 진행해 보기를 바란다. 항체검사 비용은 7종(파보, 홍역, 간염, 파라인플루엔자, 코로나, 켄넬코프, 개인플루엔자)에 7만 원, 2종(파보, 홍역)에 5만 원, 광견병 항체검사는 20만 원 정도이다. (병원마다 차이 있음)

Episode 9
강아지의 예방접종과 항체검사

예방접종은 치명적인 질병을 예방하고 건강한 삶을 영위할 수 있도록 하기 위해 시행한다. 동물병원에서 근무하다 보면 파보·홍역바이러스에 감염된 성견들을 볼 수 있다. 이런 경우는 대개 보호자들이 아기 강아지일 때 실시했던 백신 접종으로 모든 접종 절차가 완료되었다고 생각하여, 추가로 백신 접종을 하지 않았기 때문에 발생한 것이라고 할 수 있다. 일례로 수년 전 5마리의 말티즈 가족 중에서 4마리가 파보바이러스로 입원하였고, 그중 2마리가 사망했다.

어떤 강아지는 연간 백신을 접종해도 항체가 잘 생기지 않는 경우가 있고, 어떤 강아지는 한 번의 백신만으로도 항체가 유지되는 경우가 있다. 일 년에 한 번씩 백신 접종을 진행하는 것에 대해 거부감이나 부담을 느낀다면 매년 항체검사를 하도록 하자. 다만 항체검사는 항체 유무 확인이 가능한 질병(키트 검사 외 외부 의뢰 시 7종 – Canine Adenovirus, Canine Parvovirus, Canine Parainfluenza virus, Canine Coronavirus, Canine Distemper Virus, Canine Influenza virus, Bordetella bronchiseptica)이 일부이고 이들은 채혈을 통해 진행하며, 별도의 비용이 발생한다. 주기적으로 항체검사

를 하는 것이 부담된다면 백신을 접종하는 것이 편리한 방법이 될 수
있다.

No	Set	Pathogens	결과 (양성,음성)	결과(Class) 0 1 2 3 4 5 6	Antibody Titer
1	KX1	Canine Adenovirus	양성		5.9
2	KX2	Canine Parvovirus	양성		6.0
3	KX3	Canine Parainfluenza virus	양성		5.2
4	KX4	Canine Coronavirus	양성		6.0
5	KX5	Canine Distemper Virus	양성		6.0
6	KX6	Canine Influenza virus	양성		5.0
7	KX7	Bordetella bronchiseptica	양성		3.4

Comment

본 검사는 반려견에서 예방접종 대상이 되는 7개의 감염병에 대한 항체가검사 프로파일입니다.

각각의 감염병에 대한 항체가는 0에서 6의 값으로 표시되고 이것은 반려견의 항체가에 대한 양에 대한 정보를 포함하고 있습니다.
결과값에 따른 결과평가 및 백신의 추천 등의 임상적추천사항은 아래와 같습니다.

항체가	결과	결과해석
Class 1.0 미만	항체가 음성	현재 예방백신으로 인한 항체가가 음성으로 즉각적인 예방접종이 추천됩니다.
Class 1.0-3.0	항체가 약양성	현재 예방백신으로 인한 항체가가 검출되었으나 약한 양성으로 충분한 항체가 없는 것으로 판단하기 어려워 수개월내의 추가적인 예방접종이 추천됩니다.
Class 3.0-4.0	항체가 양성	현재 예방백신으로 인한 항체가가 양성으로 비교적 충분한 양의 항체를 보유하고 있는 것으로 판단할 수 있어 다음 시즌에 접종하도록 추천하셔도 무방합니다.
Class 4.0-6.0	항체가 강양성	항체가 강양성 현재 예방백신으로 인한 항체가가 양성으로 매우 많은 양의 항체를 보유하고 있는 것으로 판단할 수 있고 이러한 경우 예방접종이거나 과거 자연감염에 의해서 항체가 생성되었을 가능성도 있습니다. 다음 시즌에 접종하도록 추천하셔도 무방합니다.

팝애니랩 검사결과지

Part 02 동물병원, 어떻게 고르나요?

어떤 동물병원이 나와 맞는 동물병원인지 찾아보자.

강아지를 키우다 보면 동물병원에 생각보다 자주 방문하게 된다. 한 달에 한 번씩 심장사상충과 내외부기생충 예방을 위해 들르기도 하지만, 기본적인 관리를 못하는 경우나 구토, 설사, 기침, 콧물, 하다 못해 피부가 빨갛게 올라오기만 해도 혹여 큰 병일까 싶어 병원에 가는 경우도 있기 때문이다.

동물병원에는 1~3명의 수의사와 스태프가 있는 지역병원, 3~15명이 근무하는 동물병원, 15인 이상 근무하면서 영상기기 등 고가의 장비들을 세팅하고 있는 대형동물병원, 그리고 대학교에 부설된 대학동물병원이 있다. 24시간 운영하는 대형 동물병원들은 의료기기들과 다양한 케이스들을 접하고 있기 때문에 진단을 하거나 진료를 보는 데 수월할 수 있다. 하지만 반드시 규모가 크고 24시간 운영하는 병원을 찾아갈 필요는 없다. 그러한 병원들은 임대료, 인건비, 검사장비와 소모품의 단가, 리스비 등이 지역의 동물병원에 비해 높기 때문이다. 사람이 집 앞의 소아·청소년과에서 고열로 대증치료하는 것과 대형병원에서 응급실에서 (일반 진료를 예약하고 방문하더라도) 검사

하고 치료받는 것이 다르듯이 말이다.

나 역시 목 디스크로 세 곳의 병원을 찾아갔을 때 병원마다 같은 처치를 하더라도 비용이 모두 다르게 책정되는 것을 경험했다. 결국 신경성형술을 하였고, 영상 촬영과 1박의 입원비, 그리고 검사 비용을 포함하여 총 450만 원을 결제하였다. 사람과 동물의 병원비를 객관적으로 비교해 보았을 때, 동물병원의 진료비는 결코 비싼 것이 아니었다.

동물병원을 잘 선택하려면 우선 집 근처의 동물병원 중 한 곳에 찾아가 보면 된다. 규모는 상관없다. 선생님이 나의 강아지를 꼼꼼하게 진찰하는지, 나와 성향이 잘 맞는지를 보면 된다. 근처 동물병원에 방문하여 보았는데도 마음에 들지 않는다면, 그때는 조금 큰 병원을 가보는 것도 좋은 방법이 될 수 있다. 물론 규모가 있는 동물병원에는 아픈 동물이 많기 때문에, 강아지 한 마리 한 마리를 기억하지 못하거나(물론 차트로 확인하겠지만) 모든 손님에게 친절하게 대하기는 어려울 것이다. 나 역시 2차 진료를 하는 동물병원에서 근무하며 고객 한 분, 환축[20] 한 마리 모두 신경 쓰려는 마음으로 다가가기는 하지만 바쁜 일정에 쫓겨, 개체마다 꼼꼼하게 마음까지 돌봐주기는 어

---

20) 사람에게 환자라는 말을 사용하듯, 질병으로 동물병원에 방문하는 애완동물을 말한다.

려울 때가 있다. 비용에 대한 부담이 있을 수 있다는 것 또한 유념하기 바란다.

마음에 드는 동물병원을 선택하고 나면 그곳에 꾸준히 다닐 것을 추천한다. 그 병원에 있는 수의사 선생님이 우리 강아지를 누구보다도 제일 잘 알 것이니 말이다. 혹여 큰 병이 의심된다면 여지없이 대형동물병원이나 대학동물병원으로 refer[21] 해 줄 것이다. 그리고 좋은 결과를 들고 다시 그곳으로 돌아가면 된다.

---

21) 다른 동물병원으로 재검사를 의뢰하는 것을 의미한다.

Episode 10

동물병원의 수의사 & 수의테크니션

동물병원의 수의사

수의사는 사람과 동물을 모두 상대해야 하는 만큼 스트레스가 많고 자기 시간은 없는데, 같은 의료이지만 동물이라는 이유로 노력대비 수입이 높지는 않다. 대다수의 수의사들은 동물을 사랑하는 마음으로 수의학과에 진학하여 동물병원을 개원한다. 동물을 아끼는 마음이 없는 사람이라면, 굳이 의대·치대·한의대·약대를 마다하고 6년제인 수의학과(성적에 따른 선택일 수도 있지만)에 진학하지는 않을 것이다. 동물병원의 수의사는 지속적인 사랑으로 동물을 대해야 하는 직업이기 때문이다.

동물병원의 수의테크니션

동물병원에서 근무하는 동물간호와 수의진료의 보조 역할을 하는 수의테크니션은 2021년 8월부로 '동물보건사'라는 명칭으로 국가고시를 시행[22]한다. 이 직업군은 특별한 경력이나 지식이 없어도 동물을 사랑하는 사람이라면 종사가 가능했다. 나 역시 20년 전 그저 동물을 좋아해서 취직하게 되었다. 하지만 규모가 커지고 발전하는 펫 산업과 더불어 양질의 수의료를 위해 이들의 전문성이 중시되기 시작하였다. 최근에는 점차적으로 애완동물 관련 학과·동물생명공학부 졸업자 등 동물간호에 대한 지식을 갖춘 사람들로 구성하고 있다. 그들은 수의사와 더불어 동물의 간호에 힘써야 하고, 그들의 보호자인 고객의 마음까지 보듬어 줄 수 있어야 한다.

---

22) 수의사법 2조 3의2. "동물보건사"란 동물병원 내에서 수의사의 지도 아래 동물의 간호 또는 진료 보조 업무에 종사하는 사람으로서 농림축산식품부장관의 자격인정을 받은 사람을 말한다.

Part 03 같이 먹으면 안 되나요?

반려견에게 건강에 좋은 음식들을 나누어 주고픈 마음은 충분히 이해한다. 하지만 그러한 행동이 외려 반려견의 건강을 위협할 수 있으므로, 반드시 피해야 할 음식과 급여하면 좋은 음식들은 미리 알고 있으면 좋을 것 같다. 그러나 몸에 좋은 음식이라고 하더라도 함부로 나누어 먹지는 않기를 바란다. 그러한 습관을 들이면 내가 먹는 모든 음식을 나의 반려견이 탐낼 수 있어 위험 상황이 발생할 가능성이 있기 때문이다.

강아지가 먹으면 위험한 7가지 음식

강아지가 섭취하면 위험한 음식에는 다음과 같은 것들이 있다.

1. 포도

강아지는 포도 또는 건포도, 포도잼, 포도주스, 거봉 등 포도와 관련된 어떤 음식도 급여해서는 안 된다. 특히 건포도는 중독 성분이 농축되어 있어 적은 양으로도 치명적일 수 있다. 섭취하게 되면 신장과 신경계 중독증상을 일으킨다. 이는 복부통증, 구토, 설사, 식욕저하, 기력소실 등의 증상이 나타나서 며칠 또는 몇 주까지 지속되기도 한다.

2. 양파

양파와 마늘, 그리고 모든 '파' 종류를 피해야 한다. 이들에 함유된 독성성분[23]이 적혈구를 파괴하여 빈혈을 일으키며, 구토·설사·소변의 변색·간 기능 장애나 알레르기 반응 등이 나타날 수 있기 때문이다. 중간 크기의 양파 하나가 20kg의 대형견에게도 독성 효과를 보이므로 중소형견은 소량만 먹어도 증상이 나타날 수 있다. 양파는 향이 짙고 맛이 없어서 강아지가 스스로 먹지는 않겠지만 양파가 들어간 음식(짜장면, 잡채, 동그랑땡 등)을 주의해야 한다. 보호자가 "우리 강아지는 짜장면 먹고 괜찮았어요."라고 하는 경우가 있는데 강아지마다 양파에 독성성분에 갖는 저항력이 달라 소량으로도 건강에 위협을 줄 수 있다.

3. 초콜릿

초콜릿 안에 함유된 성분인 메틸크산틴, 테오브로민, 카페인은 초콜릿중독[24] 유발한다. 그중 테오브로민 성분은 강아지의 중추신경과 심혈관에 영향을 주어 구토, 설사, 흥분, 배뇨량 증가, 경련, 비정상 심박수, 발작 등의 증상을 나타낸다. 보통 6~12시간 이

---

23) 독성성분(=유독성분) : S-methylcysteine sulfoxide, n-propyl disulfide, methyl disulfide, allyl disulfide

24) 초콜릿중독은 개 몸무게의 20mg/kg의 메탈화크산틴을 섭취할 때부터 발생한다. 심장에 위험을 유발하는 것은 40~50mg/kg 정도이고, 60mg/kg 이상의 용량에서는 발작을 일으킨다.

내에 증상이 나타나며 최대 72시간까지 지속된다. 초콜릿은 얼마나, 그리고 어떤 초콜릿을 먹었는지 아는 것이 긴급 상황 여부를 결정하는 데 도움을 줄 수 있다. 화이트초콜릿보다 다크초콜릿이 더 위험하다.

4. 우유

우유는 락토오즈(lactose) 성분을 함유하고 있는데 이를 소화시키기 위해 락타아제(lactase) 성분이 필요하다. 강아지 대다수는 젖을 떼면서 생산능력이 저하되기 때문에 이 분해효소가 부족하게 된다. 소화 능력이 떨어지는 강아지가 우유를 섭취하면 설사, 구토, 복부 내 가스가 차는 증상이 발생한다. 간혹 우유 내의 단백질 성분에 알레르기 반응을 보이는 강아지도 있다. 급여한다면 락토오즈 성분을 분해 처리한 락토프리(lacto-free)제품을 추천한다. 현재 펫 전용 유제품들이 이렇게 출시되고 있다.

5. 마카다미아

생소한 이름의 마카다미아는 우리가 맥주 안주로 즐겨 먹는 그것이다. 포도와 마찬가지로, 마카다미아의 독성 반응 여부와 섭취량은 정확히 알 수 없으며 강아지마다 민감도가 다르다. 마카다미아 2.2g~62.4g을 섭취했을 때, 대개 12시간 이내 구토, 고열, 기력소실, 비틀거림 증상을 보인다.[25]

6. 자일리톨

강아지가 자일리톨을 섭취하면 인슐린 분비가 증가하여 저혈당을 일으킬 수 있다. 설탕 대체제로 사용하는 자일리톨은 음식, 의약품, 구강위생 제품 등에 함유되어 있다. 사람에게는 슈퍼푸드[26]로 알려져 있지만, 강아지가 섭취할 시 구토, 기력저하, 발작, 간 손상 등의 증상을 일으킨다.

7. 알코올

강아지는 알코올을 해독하지 못하고 무기력해지거나 구토, 설사, 탈수 또는 혈구토나 발작, 혼수상태에 이를 수 있다. 섭취 후 몇 시간 뒤에 증상이 나타나는데, 사람이 취할 때와 비슷하게 나른해지며 비틀비틀하기도 한다. 5~8mL/kg만 섭취하여도 독성을 나타내니 알코올 성분이 함유된 모든 음식은 피하도록 한다.

위와 같은 음식을 급여하였거나, 섭취하는 것을 발견하였거나 섭취했음이 의심된다면 소량이거나 증상이 없더라도 반드시 동물병원에 방문하여 수의사와 상담하기를 바란다.

---

25) 미국의 동물보호단체인 ASPCA(American Society for the Prevention of Cruelty to Animals)의 동물 독극물 통제 센터(APCC, Animal Poison Control Center)를 참고.

26) 슈퍼푸드(Superfood)는 영양분석의 특정한 측면이나 전반적인 영양밀도를 바탕으로 건강한 효능이 있다고 여겨지는 식품에 사용하는 마케팅 용어.

위와 같은 음식을 급여하였거나, 섭취하는 것을 발견하였거나 섭취했음이 의심된다면 소량이거나 증상이 없더라도 반드시 동물병원에 방문하여 수의사와 상담하기를 바란다.

강아지에게 주면 안 되는 음식

포도/건포도
- 신부전

생선 가시/닭 뼈
- 장 천공, 궤양

양파/파/마늘
- 적혈구 파괴

자두·복숭아 씨
- 장 폐색

지방 함유 음식
- 급성 췌장염
- 설사

마른 오징어/문어
- 소화불량
- 장염
- 장 폐색

초콜릿/커피/카페인
- 신경계·심장 독성

마카다미아
- 신경계·근육 독성

우유
- 설사

날계란
- 피부병 유발

자일리톨
- 뇌·간 손상

알코올 포함 음료
- 혼수
- 사망

맵고 짜고 단 음식
- 당뇨
- 신부전
- 고혈압 유발

강아지에게 좋은 음식들

강아지가 섭취하면 좋은 음식들의 효과와 효능을 이곳에 전부 나열할 수는 없지만, 비교적 손쉽게 급여할 수 있는 것으로 작성해 보았다. 강아지에게 적절한 영양소를 공급하는 자세한 방법은 수의사에게 자문하기를 바란다.

1. 양질의 단백질

강아지는 수백만 년 전 늑대에게 떨어져 나와 진화하면서 육식보다는 잡식에 가까워졌다.[27] 그렇지만 건강을 유지하기 위해 단백질을 구성하는 필수 아미노산을 반드시 섭취해야 한다. 그러므로 양질의 단백질을 적정량 급여하는 것이 좋은데, 대부분의 좋은(고급의) 사료에는 기준에 맞는 단백질이 함유되어 있다. 강아지에게 효율적으로 필수 아미노산을 공급하기 위해서는 동물성 단백질과 식물성 단백질을 혼합해야 한다. 양질의 단백질을 구성하는 식품에는 소고기, 닭고기, 오리고기, 연어, 두부, 완두콩 등이 있다.

2. 싱싱한 채소와 과일류

수분과 각종 미네랄과 섬유질 등을 채소류를 통해 섭취할 수 있다.

---

27) Cailin Heinze, "Vegan Dogs - A healthy lifestyle or going against nature? ", 2016.07.21. https://vetnutrition.tufts.edu/2016/07/vegan-dogs-a-healthy-lifestyle-or-going-against-nature/

수분은 물을 급여하는 것으로도 가능하지만 간혹 물을 자주 먹지 않는 강아지도 있다. 이런 경우 과일과 채소를 사료와 함께 급여하여 자연스럽게 섭취할 수 있도록 한다. 대표적인 것으로는 단호박, 고구마, 브로콜리, 파프리카, 사과, 바나나, 당근, 오트밀 등이 있다. 이때 당분이 많이 함유된 고구마 등을 함께 급여하게 되면 사료나 다른 음식을 먹지 않으려고 할 수 있으니, 보상으로 주거나 비정기적으로 급여하기를 바란다.

3. 적당량의 염분

체액이나 뼈 등에 존재하는 효소나 호르몬을 활발하게 해주는 미네랄에는 나트륨, 칼슘, 칼륨, 인, 아연 등이 있다.[28]

체내에서 생성되지 않는 필수 영양소로 과하지도 부족하지도 않게 적절한 섭취가 중요하다. 나트륨을 위해 일부러 간을 할 필요는 없다. 하지만 '강아지는 짠 것을 먹으면 안 된다'라는 말이 일반적으로 알려져 있어 아예 나트륨 성분이 배제된 제품을 찾는 보호자들을 만난 적이 있기 때문에 나트륨에 대해 간단히 작성해 본다.

나트륨은 강아지 몸의 수분을 조절하는 중요한 역할을 한다. 나트

---

28) 강아지 필수 5대 영양소는 단백질, 지방, 탄수화물, 비타민, 미네랄이다.

륨이 부족하면 탈수 증상과 함께 구토, 식욕부진, 근육경련, 소화에 영향을 끼치게 된다. 평소 급여하는 사료에는 적정량이 함유되어 있으나 자연식을 하는 경우 조절이 필요하다.

간이 많이 되어 있는 음식은 강아지의 입맛을 바꿀 수 있고, 과도하게 염분을 섭취하면 물을 많이 마시게 된다. 물을 많이 마시면 수분이 혈액으로 유입되기에 고혈압을 유발할 수 있다. (고혈압이나 심장 문제가 있는 강아지는 저염식을 먹는다.) 강아지는 소변을 통해 염분을 배출하기 때문에 물을 자주 마시면 염분을 잘 배출할 수 있다. 이를 위해 보호자는 강아지의 물그릇이 깨끗한지, 비어 있지는 않은지 수시로 확인해야 한다.

4. 이것은 괜찮아요

강아지에게는 초콜릿 대신 카페인과 테오브로민 성분이 없는 캐롭29) 파우더를 급여하면 좋다. 캐롭29)은 비타민과 인, 칼륨, 마그네슘, 철, 칼슘 등을 함유하고 있다. 이 성분들은 뼈와 치아를 튼튼하게 해주고 눈과 피부에도 좋다. 포도 대신 블루베리를 급여하는 방법도 있다. 블루베리에는 비타민 A, C, E와 같은 항산화30) 물질이 풍부하게

---

29) 캐롭(학명 Ceratonia siliqua) 은 상록 활엽 관목이다. 원래 지중해의 분지에서 자라는 나무로, 콩과에 속한다. 초콜릿 향과 비슷하며 달달한 향과 맛을 낸다.

30) 항산화물질은 활성산소를 방지하여 세포의 노화, 손상을 방지하고 암을 예방한다.

들어 있다. 그중에서도 특히 갈산³¹⁾이 풍부하여 뇌신경 보호 및 노화 방지에 효과가 있다. 노령견에게 특히 추천한다.

---

31) 갈산(Gallic acid)은 항박테리아, 항바이러스, 항염, 항알레르기 등 항암 활성에 효능이 있다.

Episode 11
조금만 알면 사고는 막을 수 있다

한번은 이런 일이 있었다.

"우리 강아지가 피를 토하고 피오줌을 싸요."

"혹시 양파 먹었을까요?"

수의사 선생님의 질문에 보호자는 고개와 손을 절레절레 흔들면서 아니라고 온몸으로 표현했다.

"짜장면? 잡채?"

"선생님… 동그랑땡을 부쳤는데 나눠줬어요. 거기에 양파가 많이 들어갔는데…"

혈구가 파괴되어 심한 빈혈과 함께 혈뇨[32]와 혈구토[33] 등의 증상이 일어나는 양파중독[34]이 의심되어 양파가 들어간 음식들을 나열하면, 그제야 하나가 나온다.

또 어느 날은 강아지가 혼수상태로 동물병원에 실려 왔다. 심장박동은 점점 느려지고 있었다. 6개월이 채 안 된 아기 강아지가 외상도 없이 죽어가고 있었다. 원인을 들어 보니, 보호자 식탁 위에 있던 소주잔을 핥기에 맛이나 보라고 한 잔 줬단다. 아이고, 술은 당신이나 드시지…

"나는 몰랐지. 애가 이렇게 될 줄… 맛있게 먹길래 준 거예요."

아버님은 미안함과 죄책감에 안절부절못하고 있었다.

언젠가 새끼 강아지가 호흡곤란 상태로 동물병원에 온 일도 있었다. 강아지가 사과를 먹다가 그냥 삼켜버린 것이었다. 삼키는 과정에서 음식물이 넘어가지 않고 목에 걸려 강아지는 내내 캑캑대고 힘들어했다. 결국 내시경을 이용하여 이물질을 빼냈다.

문득 예전에 내 강아지가 넓적한 포를 통째로 삼키다가 숨을 못 쉬고 비틀거렸던 기억이 났다. 그때 나는 재빠르게 입을 벌려서 손으로 끄집어내었다. 아마 5분만 늦었어도 사망했을 것이다.

---

32) 혈액이 섞인 오줌.
33) 혈액이 섞인 토사물.
34) Part6의 '강아지가 먹으면 위험한 7가지 음식' 참고.

Part 04 산책은 꼭 해야 하나요?

과거 강아지는 어쩜 그렇게 날씬했던가

2000년대 전까지만 해도 길에서 산책하거나 돌아다니는 날씬한 몸매의 강아지들을 종종 발견할 수 있었다. 이들은 자유롭게 산책할 수 있었고, 길에서도 생활하고 집과 마당을 드나들기도 하였다. 2000년대 이후 수많은 아파트와 차량과 경제 발전 덕분에 강아지들은 1가구씩 세대원으로 포함되었고, 몸매는 복스럽게 변하기 시작했다.

비만인 강아지들이 많아지면서 비만으로 발생하는 질병 또한 늘어났다. 다리와 허리 등의 관절질환, 심장과 호흡기 등 순환기질환, 당뇨병과 합병증, 호르몬 질환과 피부질환, 우울증 등 동물병원과 가깝게 생활하기 시작했다.

'우리 강아지가 달라졌어요' 문제견이 등장했다.

"개과천선", "펫을 부탁해", "세상에 나쁜 개는 없다", "펫비타민" 등 강아지 문제행동에 대한 프로그램들이 사람들의 인기를 끌며 방영되고 있다. 이 프로그램들에 등장하는 강아지들의 문제행동은 태생적인 문제나 신체의 문제에서 비롯된 경우도 있지만 대부분 잘못

된 습관과 환경으로 인한 것들이 많다. 동물행동학을 연구하는 설채현 수의사는 '피곤한 개가 행복한 개다.'라고 이야기한다.[35]

강아지는 세상의 정보를 후각으로 접한다. 시각이 상대적으로 덜 발달한 강아지는 후각과 청각을 활용하여 정보를 수집하는 것이다. 사람의 44배에 이르는 후각세포를 가지고 1,000~1억 배 이상 뛰어난 감각기관으로 냄새를 감지한다.

산책은 반려견이 보호자나 가족 이외의 다른 사람, 다른 동물을 만나거나 다양한 자극에 접촉할 수 있도록 한다. 이는 사회성 발달에 긍정적인 영향을 주게 되는데, 산책을 하지 않으면 사회성이 발달하기 어려워 경계심이 높아지고, 공격적이거나 소극적인 반응이 나타나 소위 이야기하는 문제견이 되는 것이다.

강아지도 스트레스를 받는다.

강아지 스트레스의 원인에는 내부적인 요인과 외부적인 요인이 있다. 선천적이거나 유전적인 질병, 음식 알레르기 반응이나 사회화 수준, 환경 적응 능력이나 보호자의 욕구불만 등으로 스트레스가 발생

---

35) 객원기자, "EBS '세상에 나쁜 개는 없다' 설채현 디렉터가 말하는 반려동물", 스포츠동아, 2020.04.02. https://www.donga.com/news/Economy/article/all/20200401/100457630/5

하기도 한다. 과도한 스트레스는 공격이나 도주, 기피, 무기력 등과 탈모, 피부염, 설사, 구토 등의 증상을 가진 질병이 되기도 한다. 많은 전문가는 강아지 스트레스 관리 방법으로 충분한 산책을 추천한다.

외국인이 말하는 '이해하기 어려운 한국의 반려견 문화'

'동물행동심리연구소 폴랑폴랑'에서는 재미있는 정리 결과를 발표하였다. 반려견과 함께 한국에서 살아가는 외국인들이 공통적으로 말하는 '반려견과 한국에서 살기 힘든 7가지 이유'[36]이다. 그 이유는 다음과 같다.

1. 한국인은 개를 보면 짖는다.
2. 통제할 수 없으면서 반려견에게 목줄을 하지 않는다.
3. 한국의 반려견들은 실내에서 대소변을 해결하고, 해결되면 며칠이고 외출하지 않고 집에서만 지낸다.
4. 한국에서는 겨울에 반려견이 살지 않는다.
5. 어디선가 갑자기 사람이 달려 나와 반려견을 만지거나 사진을 찍는다.

---

36) 동물행동심리연구소 폴랑폴랑, "외국인이 말하는 '이해하기 어려운 한국의 반려견 문화'", 허핑턴포스트, 2015.11.25.

6. 반려견에게 애정을 표현하는 방법을 모른다.

7. 배변 봉투를 가지고 다니지 않는다.

위의 내용을 살펴보면 우리나라 사람들은 강아지의 행동을 이해하지 못하거나 무례하고 불쾌하게 느껴지는 행동들을 스스럼없이 하고 있다는 것을 알 수 있다. 물론 최근에는 사회적 인식의 변화로 이런 행동들이 많이 줄었다.

후각으로 세상을 탐지하는 강아지들에게 다양한 세계를 탐구하는 바깥놀이 활동이 없어진다면 이 얼마나 답답한 일인가? 요즘 코로나19로 집안에서만 생활하는 당신도 그러하지 않은가?

산책은 매일 30분~1시간씩 하는 것이 좋다.

산책의 시간과 방법은 강아지의 품종과 성향, 그리고 운동량에 따라 다를 수 있다. 소형견이라도 많은 운동량을 필요로 하는 경우가 있고 연령이나 신체 상태에 따라서 달라지기 때문이다. 소형견 30분, 중형견 1시간, 대형견 2시간을 하루 산책 시간으로 잡고 당신의 강아지에 맞추어 시간을 당기거나 늘리는 것이 좋다. 적절한 산책 시간은 강아지가 적당한 피로감을 가지고 돌아와 스르르 잠이 드는 정도일 것이다. 질병이나 비만·노화로 인해 장시간의 산책이 부담스러운 경우, 10분 이내의 짧은 시간동안 자주 산책시킬 것을 권장한다.

이것이 어렵다면 최소 하루에 한 번만이라도 강아지와 10분간 산책하기를 바란다. 바쁘다면 5분이라도 좋으니, 그 시간 동안은 충분히 바깥 세계의 냄새를 맡게 하는 것이 좋다. 강아지의 상태에 따라서 산책 시간을 조율하는 것도 중요하다. 자신의 강아지에게는 몇 분의 산책 시간이 필요할지 묻는다면, 강아지의 상태는 보호자인 당신이 제일 잘 알 것이라 답하겠다.

Episode 12

9세에 눈이 안 보이고 12세에 사망한
나의 첫 강아지 애지

애지는 밖에서 배변을 하는 강아지였다. 동물병원으로 출근하는 보호자인지라 집에 혼자 있는 시간은 많이 없었지만, 매일 산책을 시켜주지는 않았다. 애지는 요구성[37])이 짙은 아이도 아니었고 나를 귀찮게 하지도 않았다. 애지의 일과는 주로 쉬거나 자는 일이었다. 나는 그런 애지를 주로 안고 다녔고, 혹여 밖에서 배변을 해야 하면 배변 직후 집으로 들어왔다. 애지는 6세 이후부터는 급격하게 기력이 떨어졌고 9세에 시력을 잃었으며, 11세부터는 인지장애증상[38])이 나타났고 12세에 사망했다. 나는 애지가 사망한 뒤에서야 강아지를 키울 때의 환경과 행동학에 대해 공부하기 시작했다. 그리고 내가 운영하는 강아지유치원에서는 1일 1산책을 일과에 포함하도록 했다.

---

37) 강아지가 원하는 것이 있을 때 취하는 행동으로 주로 짖음으로 나타난다. 짖어야만 안아주거나 요구조건을 들어준다고 인식하고 습관성으로 짖음이 생기게 되는 경우도 있다.

38) 나이가 들면서 사람의 치매와 비슷하게 평소와 다른 행동을 지속하는 인지장애증후군이라 하며, 불안정한 호흡, 방향 감각과 공간지각능력 상실, 식욕과음수량 변화, 수면주기 변화, 인지능력 저하 등으로 나타난다.

Episode 13

산책이 유일한 즐거움인 강아지
12세 둥이

　둥이는 동물병원에서 지낸 시간과 애견유치원에서 친구들과 지낸 시간이 삶에서 많은 부분을 차지하다 보니, 집에 있는 것이 무료하거나 답답하지 않을까 하는 생각이 든다. 그래서 아침에 아들과 어린이집에 갈 때 함께 짧은 산책을 하고, 저녁에는 가족 모두 운동할 겸 집앞의 산책로를 1시간가량 걷는다. 나이가 들면서 배변·배뇨활동을 밖에서 하고 나면 집 쪽으로 다시 돌아가려 하는데, 이때는 둥이의 컨디션을 살피고 천천히 달래가면서 걷는다.

　나의 첫 강아지 애지가 많은 시간을 집에서 보낸 탓에 노화가 빨리 왔다고 생각하기에, 둥이의 신체 건강을 위해서 꾸준히 운동하려고 노력한다. 사람도 몸이 아프거나 힘이 약하면 평상시보다 화를 잘 내고 참을성도 없어진다. 무슨 일을 하려 해도 몸이 뒤따르지 못하니, 하지 않을 핑계만 찾고 자기 일도 남에게 미루게 된다. 공부를 하려 해도 이해력이나 기억력이 뒷받침되지 않아 제대로 하기 힘들다. 아이디어가 솟는 것도 기력이 충만할 때이지, 피곤하고 지쳤을 때에는 좋은 생각도 잘 떠오르지 않게 마련이다. 동물 역시 건강한 몸 상태를 유지해야만 행복한 삶을 누릴 수 있지 않을까.

아이가 둥이와 산책하는 모습

그 어느 때보다도 둥이는 산책할 때 눈이 반짝반짝 빛난다. 그리고 나와 신랑, 아이도 더불어 즐거운 데이트를 한다. 그리고 나서 집에 가면 곧바로 꿀잠 예약이다.

Part 05 양치질, 꼭 해주어야 하나요?

    강아지가 스스로 양치질을 하는 것은 어려우므로, 보호자가 양치질을 시켜주어야 한다. 반려견이 양치질에 거부감을 느끼지 않도록 어릴 때부터 긍정적인 교육을 통하여 양치하는 습관을 만들어주는 것이 좋다.

    강아지가 양치를 하지 않으면 입냄새, 구강질환, 충치 등의 문제가 발생한다. 잇몸이나 이빨에 문제가 생기면 음식을 충분히 씹어서 섭취하지 못하고 이는 소화기계에도 영향을 준다. 입안의 세균이 혈관을 통해 이동하면 심장, 간, 콩팥 등 다른 장기에도 문제를 일으킬 수 있다.

    동물병원으로 찾아오는 환축 중에 눈 밑에 구멍이 나거나 염증이 생겨서 오는 경우가 있었다. 모두 그런 것은 아니지만 많은 케이스가 잇몸에 염증으로 인해 생기는 치근농양[39]이었다. 사람의 경우는 불편하면 바로 병원을 찾아가지만, 강아지는 보호자에게 발견되기 전까지 통증과 불편함을 감수해야 한다.

---

39) 치근농양(Periapical abscesses)은 치아뿌리 부위의 농성변화를 말한다. 간혹 치료가 지연되거나 농성 분비물이 안구 쪽으로 진행할 경우 누낭염을 유발하여 눈물에서 농성 분비물이 보일 수도 있다.

매일 칫솔을 사용하자.

양치질을 습관으로 만들어 주기 위해, 거부감을 없애는 체계적둔감화(Systematic desensitization)[40]교육을 실시한다. 아래의 교육은 1분 이내로 매일, 그리고 자주 시행한다. 한 단계에서 적응이 되어 거부반응을 보이지 않거나 스트레스를 받지 않게 되면 두 번째 단계에서 다시 시작한다.

1. 입 주변이나 얼굴을 만지고 보상[41]을 한다.
2. 이빨을 들여다보거나 만지고 보상을 한다.
3. 손수건이나 부드러운 칫솔로 만지고 보상을 한다.
4. 3번 항목 시행 시 치약을 조금씩 묻혀서 이빨에 문지르고 보상한다.
5. 칫솔과 치약을 사용하여 양치한 뒤 보상한다.

---

40) 탈감작(desensitization)으로 번역되며 심리학에서 반복적인 노출 후 부정적, 혐오적 또는 긍정적 자극에 대한 정서적 반응을 감소시키는 치료 또는 과정을 이야기한다. 강아지 교육에 체계적둔감화(Systematic desensitization)를 사용하여 긍정적으로 경험하도록 유도하여 점진적으로 자신감을 얻을 수 있도록 사용한다.

41) 강아지가 좋아하는 간식을 주거나 쓰다듬는 등의 접촉을 하여 칭찬하는 행동.

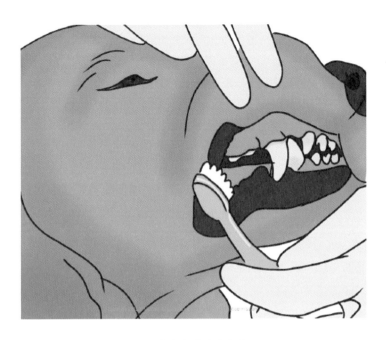

반려견 양치질하기

양치질 외에도 주기적으로 관리해야 하는 것들이 있다.

1. 목욕

목욕은 피부 상태에 따라 월 2-3회 정도 실시하면 된다. 강아지의 피부는 사람과 달리 매우 예민하고 약하기 때문에 너무 자주 하는 경우 피부를 감싸는 막을 제거하여 피부에 염증이나 문제를 유발할 수 있다. 산책 후에는 반려견 전용 티슈나 제품을 사용하여 닦거나 물로 씻을 때는 반드시 완전하게 건조시켜야 한다.

목욕 시에는 너무 뜨거우면 화상 또는 피부의 건조함이 발생하고 너무 차가우면 기름기가 용해되지 않아서 깨끗하게 닦이지 않으니 적절한 미지근한 물이 좋다. 샴푸는 강아지전용샴푸[42]를 사용해야 하며 샴푸 사용 시 장시간 두지 말아야 한다. 이때, 샴푸가 눈과 귀에 들어가지 않도록 유의한다. 만일 샴푸가 강아지의 눈과 귀에 들어간다면 자극이 될 수 있으니 많은 물로 헹궈 준다. 물을 적실 때는 얼굴과 심장에서 먼 곳부터 시작한다.

목욕 후에는 타월을 사용하며 물기를 최대한 줄이고(타월을 사용

---

[42] 강아지와 사람의 pH(산도)가 다르다. 사람의 피부는 pH 5.3으로 약산성, 강아지들은 pH 7.3~7.5로 약알칼리성이다.

하여 충분히 비벼주면 드라이 시간을 줄일 수 있다.) 드라이기로 완전 건조시켜 준다. 이때 눈 부위는 뜨거운 바람이 가지 않도록 주의한다.

만약 목욕을 심각하게 거부한다면 간식이나 좋아하는 놀이를 활용하여 시도해 보도록 하자.

2. 발톱 관리

강아지 발톱을 자르지 않으면 발톱이 부러지거나 발가락 골절의 위험이 발생한다. 또한 일상생활에 불편함을 느끼기도 하고 관절에 무리를 줄 수 있다. 실외활동을 활발하게 하는 경우 발톱이 자연스럽게 갈리기도 하지만 실내에서 생활하는 강아지들은 발톱을 주기적으로 잘라줘야 한다.

강아지의 발을 잡을 때부터 조심스럽게 다가가거나 부드럽게 잡고 강아지가 이를 허용하면 보상을 해준다. 이러한 연습과 습관이 발톱을 깎기 수월한 환경을 만들어 줄 것이다.

강아지는 사람의 손발톱과 달리 혈관이 밖으로 나와 있기 때문에 살에 가깝게 자르면 안 된다. 혈관이 보이는 경우에는 혈관이 닿지 않는 부분까지 잘라주는 것이 좋다. 검정 발톱의 경우에는 혈관이 보이지 않기 때문에 직각이 아닌 비스듬한 45도의 각도, 즉 발톱과 패드가 사선으로 연결되는 부분을 잘라주면 좋다.

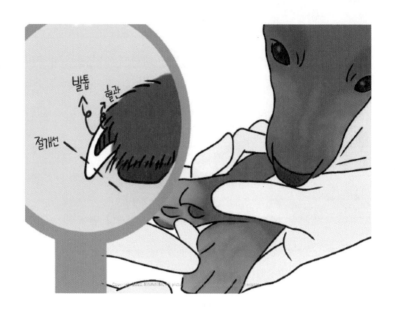

발톱

혈관

절개선

반려견의 발톱 관리

혈관을 건드리면 통증이 발생하기 때문에 강아지가 발톱 깎는 것에 거부반응을 보일 수 있으니 최대한 주의한다. 그런데도 혈관을 건드려 피가 난다면 거즈나 솜, 휴지 등으로 감싸서 적당한 세기로 압박하여 지혈한다. 30분 이내로 지혈이 되지 않는다면 동물병원을 방문하여야 한다. 자신이 없다면 가까운 동물병원으로 가서 선생님들에게 알려 달라고 부탁해보자.

3. 귀 청소

귀 세정제는 외이도[43] 안의 귀지를 녹일 수 있는 충분한 양을 사용한다. 대부분 휘발성으로 만들어져 있기도 하거니와, 귀 세정제가 들어가면 강아지가 마구 흔들어서 밖으로 배출하기 때문에 걱정하지 않아도 된다. 많은 수의사가 귀 속을 적셔 줄 정도의 충분한 양을 넣어서 외이도 바깥 피부를 10초 이상 마사지하기를 권장한다. 이후 귓바퀴 쪽인 바깥 부분은 부드러운 솜으로 닦아내고, 안쪽은 살짝 물기만 닦거나 자연스럽게 건조되도록 둔다.

부드러운 마사지로 귀지를 충분히 녹인 이후에는 강아지 스스로 털어내도록 유도한다. 이후 귓바퀴 쪽인 바깥 부분은 부드러운 솜으로 닦아내고 안쪽은 살짝 물기만 닦는 정도로만 하든지 자연스럽게 건조되도록 둔다. 이때 면봉 등을 사용해 무리하게 닦으려고 하면 외이도 안에 상처가 날 수 있으니 유의한다.

많은 수의사가 귀 속을 적셔 줄 정도의 충분한 양을 넣어서 외이도 바깥 피부를 10초 이상 마사지하기를 권장한다. 이후 귓바퀴 쪽인 바깥 부분은 부드러운 솜으로 닦아내고, 안쪽은 살짝 물기만 닦거나 자연스럽게 건조되도록 둔다.

부드러운 마사지로 귀지를 충분히 녹인 이후에는 강아지 스스로

---

43) 귓바퀴에서 고막까지의 통로

털어내도록 유도한다. 이후 귓바퀴 쪽인 바깥 부분은 부드러운 솜으로 닦아내고 안쪽은 살짝 물기만 닦는 정도로만 하든지 자연스럽게 건조되도록 둔다. 이때 면봉 등을 사용해 무리하게 닦으려고 하면 외이도 안에 상처가 날 수 있으니 유의한다.

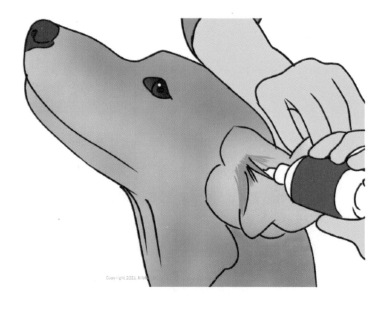

반려견 귀청소

4. 항문낭 관리

강아지 항문의 양 옆에는 냄새주머니가 있다. 이는 본래 영역 표시나 배변을 돕는 용도로 사용되었으나 실내에서 주로 지내는 강아지들은 원활하게 배출하지 못하는 경우도 있다. 항문낭액은 대변을 볼 때 주로 배출되어 산책과 운동이 부족한 경우 주머니에 남아서 항문낭이 터지거나 염증을 유발하기도 한다.

항문낭은 생후 6개월 이후부터 관리하면 되는데, 너무 세게 힘을 주면 찢어지거나 상처가 날 수 있다. 항문낭액은 커피색으로 흐르는 액체이거나 끈적하게 묻어나기도 한다. 항문낭을 짜지 않아도 되는 강아지도 있지만, 냄새가 나거나 항문을 가려워하거나 끌고 다니는 강아지의 경우 정기적으로 관리를 하는 것이 좋다.

반려견의 항문낭 관리

보통 10일~15일 주기로 관리하니 목욕 전에 짜주면 불쾌한 냄새도 함께 관리할 수 있다. 항문낭을 짜고 나면 반드시 칭찬해 주기를 바란다. 그래야 다음번에도 편하게 꼬리를 들춰볼 수 있다.

5. 빗질

강아지에게 매일 빗질을 함으로써 먼지와 죽은 털은 제거하고 털 엉킴을 막는다. 이는 피모에 통풍을 원활하게 하고 세균의 번식을 막고 피부를 건강하게 해준다. 또한 빗질하면서 강아지의 신체 상태를 살펴볼 수도 있다.

빗은 다양한 종류가 있는데 나의 강아지의 품종에 맞는 빗을 선택하도록 하며 엉킴 제거 시 또는 얼굴의 오물을 제거하는 용도 등 용도에 맞는 빗을 구비하도록 한다.

Episode 14

양치질이 강아지의 건강을 좌우한다

양치질을 안 시켰을 뿐인데 질병이 생겼다.

아들을 낳고 육아를 하면 할수록 강아지 키우기와 비슷하다는 생각을 한다. 나는 간혹 야식을 먹고 양치하지 않고 잠드는 날이 있더라도 내 아들은 반드시 양치를 시키고 잔다. 충치를 예방하는 방법 중 가장 좋은 방법은 이가 나면 바로 칫솔질을 시작하고, 칫솔질할 때에는 치아에 남은 음식 찌꺼기를 제거해 주는 것이다. 아이들은 스스로 하는 것이 어려우므로 양치질에 익숙해질 때까지는 양육자가 꼼꼼하게 닦아주어야 한다.

매일 양치질을 하면 치주질환을 예방할 수 있다.

둥이는 애견유치원에 있을 때부터 하루에 한 번은 반드시 양치질을 하는 스케줄을 소화했다. 지금은 그런 일과들이 습관이 되어, 양치질은 당연히 해야 하는 일이거니 생각하며 거의 포기 상태로 누워서 양치질을 받는다. 그 결과, 7년 넘게 스케일링을 하지 않았음에도 건강한 치아 상태를 유지하고 있다. (치열이 고르지는 않지만) 개체에 따라 약간의 차이는 있지만 매일 양치질을 하는 것만으로도 치석을 예방할 수 있다. 이는 곧 치석이 쌓여서 생기는 입냄새와 잇몸의 염증, 세균의 침투로 인한 신장·심장·간 등의 염증이 생길 가능성을 차단한다. 먹이를 급여한 후 매번 양치질을 해주면 좋지만, 둥이와 같이 하루 한 번만이라도 양치질을 한다면 질병의 발생률을 줄일 수 있다.

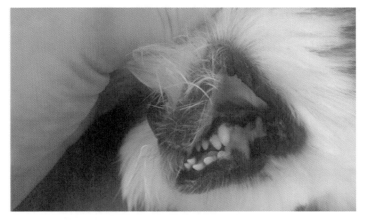

매일 양치질을 하는 둥이(12세)의 치아 상태

Part 06 어떻게 놀아주면 되나요?

강아지 인생에서 놀이는 중요하다.

강아지의 놀이는 신체운동을 발생시킨다. 사람을 예로 들자면, 매일 집에만 있는 아이와 매일 밖에서 노는 아이의 가장 큰 차이는 체력에서 발생할 것이다. 강아지 역시 매일 운동이 필요하므로 활동량이 부족하면 지루해져 이내 집안에서 무언가를 찾아 물고, 뜯고, 헤쳐 놓을 것이다. 혹은 짖거나, 울거나, 보호자를 찾는 등의 행동을 보이기 시작할 것이며, 결국 이것은 문제행동으로 연결될 수 있다. 반려견이 밖에서 운동하기 힘들 때에는 집에서 놀이 활동 시간을 갖는 것이 중요하다.

놀이 활동은 집중력을 필요로 하기 때문에 두뇌를 자극한다. 요즘에는 '지능개발장난감'이라고 해서 노즈워크를 단계별로 할 수 있도록 만들어진 장난감이 다양하게 출시되었다.

내 손은 장난감이 아니야

강아지의 문제행동으로 '무는 행동'에 대한 문의가 있다. 생후 6개월 미만의 강아지의 경우에는 이갈이 시기에 잇몸이 간지러워 물기 좋은 것을 찾아다닌다. 사람의 손가락은 부드러우며 쫀쫀하기 때문에 딱 좋은 장난감이 될 수 있다. 이때 앙앙앙 하는 행동이 귀여워서 손가락을 내어 주면 습관이 되어 추후 서로 불편한 상황이 벌어질 수 있다. 손으로 놀아주는 습관은 강아지에게 교감으로 받아들여질 수 있으니 손 대신 장난감이나 인형 등을 사용하여 놀이활동을 하는 것을 추천한다.

강아지가 손을 무는 또 다른 이유는 억지로 강아지를 붙잡거나 싫어하는 행동을 할 때 방어하기 위해서이기도 하고, 이전에 물었을 때 보호자의 반응이 있었다면 관심을 끌기 위해서 물기도 한다. 사냥감 쫓기 등의 다른 이유로 무는 행동을 하는 경우도 있다.

야너두? 야나두! 노즈워크

노즈워크[44]는 강아지가 코를 사용해 활동하는 것을 이야기하며 바닥에 뿌리거나 숨겨놓은 간식 등을 찾아 먹는 놀이이다. 인명구조견이나 경찰견들이 받는 훈련이기도 한 노즈워크는 두뇌를 자극하고 스트레스를 풀어주고 운동량을 증가시켜준다. 일반적으로 사람보다

---

44) 강아지가 코를 이용하는 모든 후각 활동을 노즈워크라 부를 수 있다. 바닥에 뿌린 간식을 찾는 것, 장난감을 숨기고 찾는 것, 공항에서 일하는 마약 탐지견, 그리고 인명구조견이 재난 시 사람을 찾는 활동들도 노즈워크라 부를 수 있다.

강력한 후각을 사용하는 개에게 놀이로 재능을 연마하는 데 도움을 주며, 실내 놀이로 각광받고 있다.

노즈워크는 강아지들이 각자의 고유한 능력을 발휘할 수 있으며, 차분함과 집중력 및 자신감을 향상시키는 과정이기 때문에 노즈워크 교육이 필요하다고 말할 수 있다.

노즈워크의 장점 4가지

노즈워크를 할 때 얻을 수 있는 긍정적인 효과에는 다음과 같은 것들이 있다.

1. 자신감과 집중력을 향상시킨다.

강아지가 자신의 능력을 사용하여 타겟을 찾았을 때 칭찬과 보상을 받음으로써 자신감이 향상되고, 타겟의 냄새를 기억하고 찾는 과정을 통해 집중력이 발달하게 된다.

2. 보호자와의 유대감을 강화한다.

간식을 숨기고 강아지가 찾았을 때 함께 기뻐하고 칭찬하는 놀이 과정에 보호자가 참여함으로 유대감이 강화될 수 있다.

3. 날씨에 구애받지 않는다.

폭염이나 폭우 또는 너무 춥거나 바깥 활동이 어려울 때는 실내에서 활용이 가능하며 실외에서 또한 가능하다.

4. 분리불안 등의 문제행동을 예방할 수 있다.

보호자가 간식을 책장이나 수납장 등에 숨겨놓고 강아지가 간식을 찾으며 먹을 때 잠깐 문밖에 나갔다 들어왔다를 반복하면서 보호자와 분리되어도 안전한 상태라는 것을 알려준다.

오늘날 대부분의 반려견이나 작업견은 음식을 찾기 위해 위험을 감수하거나 큰 노력을 하지 않아도 됩니다. 보호자가 알아서 밥을 주기 때문이죠. 강아지라면 하는 활동을 충분히 하는 반려견도 있고 전문훈련을 받는 반려견도 있지만 대부분의 경우 본능적으로 타고난 감각과 능력을 제대로 발휘하지 못하며 살아가는 경우가 많습니다. 그리고 우리가 반려견을 훈련시킬 때도 거기에는 스피드, 흥분, 경직성, 통제력 등의 요소만 있고 차분함과 집중과 같은 요소를 개발하는 훈련은 거의 없다고 볼 수 있습니다.

노즈워크와 같은 활동이야 말로 차분함과 신중함, 그리고 반려견이 지닌 여러 분능적 능력을 발휘하게 하는 활동입니다. 저에게 노즈워크 훈련을 받은 분들이 나중에 말하길 반려견이 전반적으로 말을 더 잘 따르게 되었으며 반려견과 보호자의 관계가 더 좋아졌다고 합니다. 뿐만 아니라 경연대회와 같이 다른 곳에서도 더 향상된 퍼포먼스를 보이는 경우도 많았습니다. 여기서 역동적, 또는 '상황적 리더십'(크루묘 키벨센, 2002) 이라는 단어를 이해하면 왜 이런 결과가 나오는지 깨달으시는데 도움이 될 수 있습니다. 상황적 리더십을 간단히 설명하자면 이렇습니다. 바로 어떤 상황인지 간에 그 상황이 요구하는 능력을 갖춘 사람이 리더의 역할을 맡게 된다는 것입니다. 노즈워크 같은 경우에는 사람이라기 보다 반려견이 리더가 되는 것이죠. 보호자는 냄새를 맡고 있는 반려견을 믿고 따라가며 다른 경우에는 반려견이 보호자를 믿고 따라가는 것입니다. 보호자와 반려견은 각자의 고유한 능력을 갖고 있습니다. 그러므로 어떤 상황에 놓여있는 가에 따라 누가 리드를 하느냐는 항상 변화가 되어있는 것입니다. 그리고 이런 관계를 통해 보호자와 반려견 모두 더 나은 퍼포먼스와 긴밀한 협력 관계를 보이고 서로 더 깊이 신뢰할 수 있게 됩니다.

노즈워크의 이점

노즈워크 놀이 사 유의할 점

실내에서 종이나 천을 활용한 놀이를 하고 야외에서는 풀이나 나뭇가지 속에 숨기거나 하는 경우, 비슷한 환경에 노출되기 때문에 종이나 천, 나뭇가지 등을 씹거나 삼킬 수 있다. 이는 이식증[45]을 유발할 수 있으니 정해진 장소 또는 물건 등을 활용해서 노즈워크를 해야 한다.

노즈워크를 할 때 '찾아'라는 명령어를 입혀 놀이 시간과 산책 시간을 구별하고, 산책이나 야외활동을 할 때 보호자에게 집중하는 '아이컨텍'이 가능하게끔 산책 교육을 선행하도록 한다. 또한 산책 시에는 리드줄로 통제하고 후각놀이활동은 별도의 시간으로 제한하는 것이 좋다.

이미 후각 능력이 활발한 강아지들[46]이 노즈워크를 자주 하게 되면 본능을 자극해 신경이 예민해지거나 사나워지는 경우도 생긴다. 또한 식탐이 강한 강아지들이 함께 노즈워크를 하게 되면 싸움이 날 수도 있다. 두 마리 이상의 강아지가 함께 있는 경우 분리된 공간에서 각각 노즈워크를 하도록 하거나, 한 마리가 하는 동안 다른 한 마

---

45) 강아지가 먹어서는 안 되는 이물질이나 영양가가 전혀 없는 물건 등을 지속적으로 섭취하려고 하는 것을 '이식증'이라고 한다. 일시적일 수도 있으나 반복적으로 나타나는 경우도 있다.

리는 산책하러 다녀오도록 하는 등 분리해서 진행하도록 한다.

노즈워크는 주로 자신감이 떨어져 있거나 소심한 강아지들이 하면 긍정적인 효과를 볼 수 있다.

---

46) 시바견, 포메라니안, 스피츠 같은 5그룹(국제애견연맹 홈페이지 참고, http://www.fci.be/en/Nomenclature/Education.aspx) 계열의 개들은 지나치게 잦은 노즈워크 활동으로 예민해질 수 있으니 주 1회 미만으로 가끔 하는 것을 추천한다.

Episode 15
놀이활동은 강아지와 소통하는 가장 좋은 방법

내가 반려견과 있을 때 가장 행복한 시간은 산책할 때이다. 두 번째는 실내에서 장난감을 던지거나 터그놀이[47]를 할 때이며, 세 번째는 반려견을 짧게 교육할 때이다. 이 세 가지의 공통점은 나와 강아지가 지속적인 유대감을 느끼고 소통한다는 것이다. 더불어 보상이 함께하니 내 강아지가 기뻐하고 좋아하는데, 이를 좋아하지 않을 보호자는 없을 테니까 말이다. (물론 조금 귀찮을 때도 있다. 후후.)

터그놀이

---

47) 강아지가 가장 좋아하는 장난감을 강아지에게 물게 한 뒤 좌우상하로 당기며 강아지와 함께 즐기는 놀이이다.

Part 07 사회화 교육, 중요한가요?

도대체 사회화가 뭐길래

  '사회화'란 무리로 생활하는 동물들의 새끼는 자라면서 자신의 어미, 형제, 동족들과의 공동 관계를 습득해서 그 무리 사회의 일원으로 살아가는데 필요한 소양을 습득해 가는 과정이다. 이는 강아지들 사이에서도 중요하지만, 사람과 관계하는 데도 중요한 개념으로 사람의 교육학이나 심리학에서도 넓게 이용되는 전문 용어이다.

  강아지의 사회화 시기는 생후 3주에서 14주까지로, 이때는 정상적인 사회성 발달의 중요한 초기 체험 시기라고 할 수 있다. 이 시기에 어린 강아지들은 사람들과 가정이라는 인위적인 생활환경에 노출되므로 복잡하고 어려운 상황에 놓이게 된다. 관계, 그리고 독립성을 가질 수 있도록 준비하는 이 시기에는 엄마 강아지와 보호자의 돌봄 아래 형제, 친구끼리 싸워보고 놀아보며 다양한 공간에서의 냄새와 자극이 필요하다.

  간혹 면역력의 문제로 접종 시기[48]에 어린 강아지를 다른 동물 또

---

48) 생후 6주에서 16주까지 예방접종을 하는 시기.

는 사람과 접촉하지 않도록 하는 경우도 있지만, 이 부분에 명쾌한 답을 준 반려견 행동교육 전문가인 설채현 수의사님의 이야기는 다음과 같다. "사회화를 안 해서 행동 문제로 안락사당할 확률이, 백신 접종을 안 해서 전염병 걸려 죽을 확률보다 훨씬 더 높다." 49)

함께하기 위한 필수 교육

강아지의 사회화 교육은 간단하다. 강아지가 안전한 상태에서 다른 개들이나 사람들과 자주 마주하여 함께 놀 수 있도록 풀어놓는 것이 가장 좋다. 효과적인 사회화 교육을 위해서는 강아지들끼리 노는 과정에 가급적 보호자가 개입하지 않아야 한다. 즉, 보호자는 매주 강아지의 놀이 친구를 만나게 해주고 자주 산책하고 정기적으로 활동적으로 뛰어놀 수 있는 장소를 찾아가면 된다.

강아지에게 생기는 대표적인 문제들이 배변, 짖음, 분리불안 등이다. 이는 보호자와 주변 사람들에게도 피해를 주고 강아지 자신에게도 매우 힘든 일이다. 이러한 행동들이 발생한 뒤에는 강아지마다 발생한 문제점을 찾아서 개별적으로 행동 교정이 필요하다. 하지만 다음의 교육50)을 통해 예방을 할 수도 있다.

---

49) 'EBS 세상에 나쁜 개는 없다 시즌 3 -들개 가족을 구하라, 두번째 이야기-', 2018.11.16. https://www.ebs.co.kr/tv/show? lectId=10984008

50) 'EBS 세상에 나쁜 개는 없다 시즌 3 -들개 가족을 구하라, 두번째 이야기-', 2018.11.16. https://www.ebs.co.kr/tv/show? lectId=10984008

1. 무는 버릇

무는 버릇은 태어날 때부터의 특성이 아니다. 생후 18주쯤 '행동-반응-선례'를 통해 학습하는 버릇이다. 다른 개들과 어울리면서 무는 힘을 조절하는 법을 배우는데, 그러기 위해서는 강아지일 때부터 청소년기까지 다양한 개들과 어울려 놀아야 한다. 이를 통해 강아지는 다양한 놀이 유형이나 몸짓 언어를 익히고 배운 것을 활용할 수 있다.

2. 표현 행동

반려견을 이해하려면 무엇보다 개의 몸짓 언어를 제대로 인지해야 한다. 개는 입꼬리를 위로 올리거나 귀를 쫑긋 세우는 등 얼굴로 표정을 드러낸다. 몸으로 표현하는 몸짓 언어는 머리, 몸통, 꼬리의 자세와 움직임 등을 말한다. 개가 꼬리를 흔드는 것은 즐거움의 표현이라 생각하지만, 사실은 매우 다양한 상태(흥분, 불안 등)의 이유일 수도 있다.

3. 충분한 시간

반려견을 제대로 양육하기 위해서는 많은 시간이 필요하다. 정신 건강과 몸의 건강 모두에 신경을 써야 하기 때문이다. 생활 공간에서 가족과 긴밀한 관계를 형성하는 것은 물론, 외출도 중요하다. 산책하면서 다른 개들과 만나거나 냄새를 맡을 수 있기 때문이다. 기본적으로 반려견은 달리기를 좋아한다. 반려견과 산책하는 것은 운동 욕구를 충족시켜주면서 훈련할 좋은 기회다. 지루함은 삶의 질을 크게 떨어트린다.

4. 분리불안

집단생활을 하는 동물인 개는 분리불안을 흔하게 겪는다. 많은 반려견은 혼자 남겨졌을 때 두려움이나 공포를 느낀다. 분리 불안에 큰 영향을 미치는 것은 경험 부족, 집중 치료가 필요한 질병, 트라우마로 남은 경험 등이다. 분리불안을 겪는 반려견은 대부분 보호자에게 붙어 있고, 의존적으로 행동한다. 반려견이 느끼는 공항과 고통을 치료해 주지 않으면 동물보호 차원에서 큰 문제가 될 수 있다.

5. 시선 교환 훈련

반려견이 당신을 쳐다볼 때 당신에게 집중하도록 하는 것은 간단하게 훈련할 수 있다. 반려견과 시선을 주고받으면 반려견이 당신을 생각하고 있다는 것을 알 수 있다. 이는 매우 중요한 정보다. 시선 교환은 훈련의 신호로 쉽게 읽을 수 있다. 교육할 때 집중력과 주의력은 중요한 전제조건이다.

6. 리드줄 훈련

이 교육의 목표는 반려견을 리드 줄로 묶고 함께 걸을 때 반려견이 지그재그로 뛰어다니지 않게 하는 것이다. 반려견에게 아주 멋진 보상이 기다리고 있다는 점을 주지시키고 산책을 시작해 보자. 리드 줄이 팽팽하게 당겨져 있지 않고 반려견이 당신 옆에서 잘 걷고 있다면 칭찬과 함께 보상을 자주 해주자.

7. 몸의 접촉 둔감화

반려견은 접촉에 대해 각기 다른 기준을 가지고 있다. 몸의 접촉과 사람이 만지는 것을 좋아하는 반려견도 있지만 대부분 반려견은 자신의 보호자와의 접촉만을 편안하다고 느낀다. 보호자의 허락 없이 강아지에게 먼저 다가가거나 만지는 행위는 금하는 게 좋다. 예상치 않은 문제를 방지하기 위해서는 반려견이 이런 자극에 참을성 있게 대응하도록 훈련해야 한다.

Episode 16

강아지에게도 사회화가 필요할까?

유기견인 푸들 '폴링이'를 임시보호하기 시작한 지 한 달 가까이 되어간다. 폴링이는 다른 강아지를 만날 때마다 느닷없이 다가가 마운팅[51]을 한다. 이러한 행동을 할 때마다 다른 강아지들은 화를 내거나 방어하거나 물려는 행동을 취한다. 폴링이가 예의 없게 다가갔기 때문이다.

강아지들 사이에서도 인사가 있다. 정면으로 다가가지 않고 옆으로 천천히 냄새를 맡으면서 다가가는 것이 예의 바른 강아지 인사 방법이다. 폴링이는 이런 과정 없이 불쑥 다가가서 너랑 친해지고 싶다는 행동을 마운팅으로 표현했다. 여러 번 거절당하더니 요즘에는 이러한 행동이 줄어들었다. 폴링이도 조금씩 강아지들 사이의 예절을 배우는 중이다.

---

51) 동물이 무언가를 붙들고 교미하는 듯한 행위를 하는 것.

Epilogue

동물복지의 5가지 원칙

세계동물보건기구(OIE)[52]에서는 동물 기본 복지에 대한 5가지 원칙을 제시하였다. 이는 동물의 환경, 영양, 안전 등을 지켜주자는 취지로 만들어진 것이지만, 우리와 함께하는 '가족과 같은 반려견'에게도 충분히 이행하고 있는지 돌아보기를 바란다.

1. 배고픔과 목마름으로부터의 자유
2. 기본적인 환경에 대한 자유
3. 고통, 질병으로부터의 자유
4. 두려움과 스트레스로부터의 자유
5. 동물 본연의 행동양식대로 살아갈 자유

---

52) 세계동물보건기구(OIE)에서 '동물복지는 인간이 동물을 이용함에 있어 윤리적인 책임을 가지고 동물이 필요로 하는 기본적인 조건을 보장하는 것'이라고 규정.

한 마리의 강아지를 보낼 때마다 다시는 키우지 않겠다고 다짐했다.

강아지와 함께하여 평생의 가족(강아지에게)으로 지낸다는 것은 매우 뜻깊고 행복한 일이다. 그러나 원치 않는 이별을 해야 하는 경우가 생기면 다짐했었다. "다시는 강아지 키우나 봐라."

이 글을 쓰면서 먼저 간 나의 강아지 생각에 눈물을 많이 흘렸다. 넓은 집에서 뛰어놀면서 살게 해주겠다고 약속했는데, 결국 지키지 못했다. 지금 나는 그때보다 훨씬 넓은 집에 살고 있지만, 내 첫 강아지인 애지는 이 세상에 없기 때문이다.

나는 여전히 2마리의 강아지와 함께하고 있고, 2마리의 강아지와 1마리의 고양이를 떠나보냈으며 반려동물과 함께하는 일을 업(業)으로 하고 있다. 내가 쓴 이 글을 통해 작게나마 여러분에게 변화가 일어나기를 바란다. 강아지와 살면서 겪을 수 있는 문제에 잘 대처하고, 문제가 생기지 않도록 노력하는 것이다.

내가 필요로 해서 함께 하기보다 진정 강아지를 위해 할 수 있는 일이 무엇인지 조금만 생각해 준다면 당신과 당신의 강아지 모두 삶의 질이 높아질 것이다. 이 책을 읽는 많은 보호자가 나와 같은 실수로 인해 눈물 흘리지 않기를 바란다.

[참고 기사]

김민주 기자, "당신이 '4시간' 외출하면 반려견은 '24시간' 홀로 있는 기분이다", 인사이트, 2018.06.01. https://www.insight.co.kr/news/158509

박원경 기자, "[마부작침] 유기동물을 부탁해 ② 가장 많이 버려진 반려동물 종(種)은? ", SBS뉴스, 2017.10.02. https://news.sbs.co.kr/news/endPage.do? news_id=N1004414519&plink=COPYPASTE&cooper=SBSNEWSEND,

이학범 기자, [동물병원 진료비 수가제·공시제, 준비없이 시작하면 혼란만 가중], 데일리벳, 2018.08.01. https://www.dailyvet.co.kr/news/practice/companion-animal/98356

객원기자, "EBS '세상에 나쁜 개는 없다' 설채현 디렉터가 말하는 반려동물", 스포츠동아, 2020.04.02. https://www.donga.com/news/Economy/article/all/20200401/100457630/5

동물행동심리연구소 폴랑폴랑, "외국인이 말하는 '이해하기 어려운 한국의 반려견 문화'", 허핑턴포스트, 2015.11.25. https://www.huffingtonpost.kr/polangpolang/story_b_8626324.html

[참고 웹페이지]

미국 동물보호단체 ASPCA(American Society for the Prevention of Cruelty to Animals)의 동물 독극물 통제 센터(APCC, Animal Poison Control Center), 2021.02.09, https://www.aspcapro.org/resource/people-foods-pets-should-never-eat

Cailin Heinze, "Vegan Dogs - A healthy lifestyle or going against nature? ", 2016.07.21. https://vetnutrition.tufts.edu/2016/07/vegan-dogs-a-healthy-lifestyle-or-going-against-nature/

국제애견연맹 홈페이지, http://www.fci.be/en/Nomenclature/Education.aspx

'EBS 세상에 나쁜 개는 없다 시즌 3 -들개 가족을 구하라, 두번째 이야기-', 2018.11.16. https://www.ebs.co.kr/tv/show?lectId=10984008

강아지 언니 스킵, "강아지 산책의 중요성, 아시나요? ", 2020.06.07, https://blog.naver.com/skipkkang/221568968837

[참고 도서]

셀리나 델 아모, 『개를 키울 수 있는 자격』, 리잼, 2017

권혁필, 『반려견을 키우는 사람이라면 꼭 알아야 할 42가지』, 원앤원스타일, 2016

김진수, 『올 어바웃 퍼피』, 이담북스, 2013

Ian Dunbar, 『애견 행동문제 가이드』, 조이독, 2014

왕초보 견주를 위한 슬기로운 댕댕생활(개정판)

초판 1쇄 발행 2022년 3월 16일
초판 2쇄 발행 2022년 5월 4일

지은이 | 김미인씨
펴낸곳 | 선비북스
펴낸이 | 정민제
디자인 | 배은정
교정 | 정민제

주소 | 서울특별시 마포구 양화로 133 809호
이메일 | sunbeebooks@naver.com
ISBN | 979-11-91534-47-4